CINQ TRAITÉS D'ALCHIMIE

DES

PLUS GRANDS PHILOSOPHES

OWERTVRE DV COVRS.

COLLECTION D'OUVRAGES RELATIFS

AUX

SCIENCES HERMÉTIQUES

CINQ TRAITÉS D'ALCHIMIE
DES PLUS GRANDS PHILOSOPHES

PARACELSE, ALBERT LE GRAND, ROGER BACON, R. LULLE, ARN,
DE VILLENEUVE

TRADUITS DU LATIN EN FRANÇAIS
Par ALB. POISSON

PRÉCÉDÉS DE LA TABLE D'ÉMERAUDE, SUIVIS D'UN GLOSSAIRE

POST LABOREM SCIENTIAM.

BIBLIOTHÈQUE CHACORNAC

11, Quai Saint-Michel, PARIS

1890

DE LA MÊME COLLECTION :

L'OR

ET

LA TRANSMUTATION DES MÉTAUX

Par E. TIFFEREAU

L'Alchimiste du xixe Siècle
Précédé de Paracelse et l'Alchimie au xvie Siècle

Par M. FRANCK, de l'Institut

1 vol. in-16 jésus, reliure ancienne. . . . . 5 fr.

A BRULER

Conte astral, par Jules LERMINA

Préface de PAPUS, directeur de l'*Initiation*

1 vol. in-16 jésus, reliure ancienne . . . . 3 fr.

PRÉFACE

Les sciences actuelles sont les filles de sciences mystérieuses dont l'origine se perd dans la nuit des temps, l'alchimie est la mère de la chimie, l'astrologie a précédé l'astronomie, à la base des mathématiques on trouve la cabale et la géométrie qualitative, dans le principe l'histoire se confond avec la mythologie, la médecine fut enseignée aux hommes par un dieu.

L'on ne connaît bien une science que lorsqu'on sait son histoire. Depuis l'idée mère qui fonde la science jusqu'à nos jours, que d'efforts incessants, que de tâtonnements ! Nous profitons des travaux de nos prédécesseurs, insouciamment, sans penser à la somme énorme de travail physique et intellectuel qu'ils ont dépensée pour nous frayer la voie. Beaucoup ont usé leur vie, dépensé leur fortune, renoncé aux plaisirs et aux honneurs par amour de la science. Combien sont morts martyrs affirmant jusqu'au dernier souffle la vérité éternelle !

C'est Roger Bacon, persécuté toute sa vie par des moines ignorants, c'est la savante Hypatie lapidée par la

populace d'Alexandrie, c'est Averroës jeté en prison puis
exilé, pour avoir avancé des idées contraires au Coran,
c'est Bernard le Trévisan honni et tourmenté par ses
parents furieux de le voir dépenser sa fortune dans des
recherches alchimiques, c'est Denis Zachaire assassiné
par son cousin auquel il avait refusé de révéler le secret
de la pierre philosophale, c'est Cardan, pauvre toute sa
vie et mourant de chagrin, ce sont Perrot et Paracelse,
finissant leur carrière sur un lit d'hôpital, ce sont Bernard
Palissy et Borri morts en prison.

Rendre justice à ces grands hommes en remettant leurs
travaux en lumière, en les faisant revivre dans leurs
œuvres, tel a été notre but. Or, leurs ouvrages sont deve-
nus rares, les grandes bibliothèques seules pourraient
fournir aux chercheurs des documents suffisants, mais
l'on sait combien il est difficile d'obtenir la permission de
travailler dans une bibliothèque publique. D'autre part, se
former une collection particulière est fort dispendieux et
demande du temps et de la patience, souvent l'on ne
trouve qu'après plusieurs années de recherches l'ouvrage
que l'on désire ; enfin la plupart de ces traités sont écrits
en latin barbare, d'un style obscur très fatiguant à lire.
Toutes ces raisons nous ont engagé à publier ces traduc-
tions. Les auteurs ont été choisis avec soins parmi les plus
grands noms de l'alchimie : Arnauld de Villeneuve, Raymond Lulle le docteur illuminé, Albert le Grand, en-

brassant tout dans sa vaste érudition, Roger Bacon le
docteur admirable, devançant son siècle et substituant
l'expérience et l'observation aux creuses divagations des
scolastiques, enfin Paracelse, le grand Paracelse, bou-
leversant les vieilles théories, alliant l'alchimie à la
médecine, jamais homme n'eut une plus grande influence
sur son siècle.

On a pris les traités les plus importants, quatre sur cinq
sont traduits pour la première fois en français. Quant à
la traduction, elle est aussi exacte que possible, les passages obscurs sont rendus mot à mot; nous nous sommes
attaché à donner à la phrase la tournure qu'elle a dans
le texte. Enfin les traités sont précédés d'une notice bio-
graphique et d'un index bibliographique.

Nous terminons par un conseil : lire ce livre sans y être
préparé, c'est s'exposer à ne pas le comprendre, aussi l'on
fera bien auparavant de lire : « l'Alchimie et les Alchimistes » de M. Louis Figuier ou : « les Origines de l'Alchimie » de M. Berthelot. Pour les personnes qui n'auraient
pas le temps de lire ces deux ouvrages, voici en peu de
mots ce que c'est que l'Alchimie : « C'est, dit Pernety,
l'art de travailler avec la nature sur les corps pour les perfectionner. » Le but principal de cette science est la préparation d'un composé : la pierre philosophale, ayant la
propriété de transmuer les métaux fondus en or ou en
argent. La matière première de la pierre philosophale est

le Mercure des philosophes. On lui donne la propriété de transmuer en lui faisant subir diverses opérations, pendant lesquelles il change trois fois de couleur : de noir, il devient blanc, puis rouge. Blanc, il constitue l'élixir blanc ou petite pierre, qui change les métaux en argent. Rouge, il constitue la médecine ou élixir rouge ou grande pierre qui change les métaux en or.

A. Poisson.

CINQ TRAITÉS D'ALCHIMIE

DES PLUS GRANDS PHILOSOPHES

PARACELSE, ALBERT LE GRAND, ROGER BACON, R. LULLE,
ARN. DE VILLENEUVE

NOTICE SUR LA TABLE D'ÉMERAUDE D'HERMÈS

La table d'Emeraude d'Hermès Trismégiste, le Thaut égyptien est la pierre angulaire de l'alchimie. Les philosophes la citent à chaque instant, aussi importe-t-il de connaître ce document.

Elle se trouve dans tous les recueils importants de traités hermétiques : *theatrum chimicum*, *Bibliotheca chemica mangeti*, *Bibliotheca contracta Albinei*, Bibliothèque des philosophes alchimiques de Salmon, etc.

La traduction qui suit est celle de la Bibliothèque

des philosophes alchimiques de Salmon revue et corri-
gée d'après le texte latin qui se trouve en tête de la
Bibliotheca chemica contracta Albinei.

TABLE D'ÉMERAUDE

Il est vrai, sans mensonge, certain et très véritable.

Ce qui est en bas est comme ce qui est en haut
et ce qui est en haut est comme ce qui est en bas,
pour accomplir les miracles d'une seule chose. Et de
même que toutes choses sont sorties d'une chose par la
pensée d'Un, de même toutes choses sont nées de cette
chose par adaptation.

Son père est le Soleil, sa mère est la Lune, le vent l'a
porté dans son ventre ; la terre est sa nourrice. C'est là
le père de tout le Thélème de l'Univers. Sa puissance
est sans bornes sur la terre.

Tu sépareras la terre du feu, le subtil de l'épais,
doucement, avec grande industrie. Il monte de la terre
au ciel, et aussitôt redescend sur la terre, et il recueille
la force des choses supérieures et inférieures.

Tu auras ainsi toute la gloire du monde, c'est pourquoi toute obscurité s'éloignera de toi.

C'est la force forte de toute force, car elle vaincra toute chose subtile et pénètrera toute chose solide. C'est ainsi que le monde a été créé.

Voilà la source d'admirables adaptations indiquée ici. C'est pourquoi j'ai été appelé Hermès Trismégiste, possédant les trois parties de la Philosophie universelle. Ce que j'ai dit de l'opération du soleil est complet.

ARNOLDI DE VILLANOVA
SEMITA SEMITÆ

LE CHEMIN DU CHEMIN
D'ARNAULD DE VILLENEUVE

NOTICE BIOGRAPHIQUE SUR ARNAULD
DE VILLENEUVE

Arnauld de Villeneuve est né vers 1245 en France,
comme l'attestent Symphorianus Campegius et Joseph
de Haitze. Quant au lieu précis de sa naissance il est
incertain. Il étudia les langues mortes à Aix, la médecine
à Montpellier. Il vint à Paris pour se perfectionner ;
la rumeur populaire l'accusant de nécromancie et d'alchimie, il s'enfuit à Montpellier, où il fut bientôt nommé
professeur, puis régent. En 1755 on montrait encore à
Montpellier, sa maison portant sculptés sur la façade un
lion et un serpent se mordant la queue. La soif d'apprendre le fait passer en Espagne, il professe quelque
temps l'alchimie à Barcelone (1286) et apprend l'arabe.
Il visite ensuite les universités célèbres d'Italie : Bolo-
gne, Palerme, Florence. Il revient à Paris, mais ses
propositions hérétiques, ayant excité contre lui les théo-
logiens, il s'enfuit prudemment en Sicile, où Frédéric II
le prit sous sa protection. Le pape Clément V atteint de
la pierre, manda Arnauld de Villeneuve auprès de lui,
avec promesse de pardon. Arnauld s'embarqua pour la
France (les papes siégeaient alors à Avignon).

Mais en vue de Gênes il mourut, son corps fut enseveli dans cette ville (1313). Il eut pour amis et disciples Raymond Lulle et Pierre d'Apono. Principaux ouvrages : *Rosarium philosophorum, de Lapide philosophorum, Novum lumen, Flos florum, Semita semitæ, Speculum alchimiæ, de Sublimatione Mercurii, Epistola ad Robertum Regem, Testamentum novum.* Tous ces traités se trouvent dans les éditions de ses œuvres complètes : *Opera omnia Arnoldi de Villanova,* 1 vol. in-folio. Lyon (1520). *Idem* (1532). Bâle (1585). *Argentinæ* (1613).

Notice sur le *Semita semitæ : le Chemin du Chemin.*

Ce traité est à quelques passages près identique au : *Flos florum.* Il se trouve dans : 1º les Œuvres complètes d'Arnauld de Villeneuve ; 2º *De Alchimia Opuscula complura veterum philosophorum.* Francofurti (1550, in 4º).

C'est sur ce texte qu'a été faite la présente traduction. 3º *Bibliotheca chemica Mangeti, Coloniæ Allobrogum,* 2 vol. in-folio, 1702. Tome 1er, page 702.

Ce traité est traduit pour la première fois en français.

SEMITA SEMITÆ
LE CHEMIN DU CHEMIN

Ici commence *le Chemin du Chemin* traité court, bref, succinct, utile à qui le comprendra. Les chercheurs habiles y trouveront une partie de la Pierre végétale que les autres Philosophes ont cachée avec soin.

Père vénérable, prête-moi pieusement l'oreille. Apprends que le Mercure (1) est le sperme cuit de tous les métaux; sperme imparfait quand il sort de la terre, à cause d'une certaine chaleur sulfureuse. Suivant son degré de sulfuration, il engendre les divers métaux dans le sein de la terre. Il n'y a donc qu'une seule matière première des métaux, suivant une action naturelle plus ou moins forte, suivant le degré de cuisson, elle revêt des formes différentes. Tous les Philosophes sont d'accord sur ce point. En voici la démonstration : Chaque chose est composée des éléments en lesquels on peut la décomposer. Citons un exemple impossible à nier et facile à comprendre : la glace à l'aide de la chaleur se résout en eau, donc c'est de l'eau. Or tous les métaux

1. Mercure avec une majuscule indiquera toujours le Mercure des philosophes.

2

se résolvent en Mercure.; donc ce Mercure est la matière première de tous les métaux. J'enseignerai plus loin la manière de faire cette transmutation, détruisant ainsi l'opinion de ceux qui prétendent que la forme des métaux ne peut être changée. Ils auraient raison si l'on ne pouvait réduire les métaux en leur matière première, mais je montrerai que cette réduction en la matière première est facile et que la transmutation est possible et faisable. Car tout ce qui naît, tout ce qui croît, se multiplie selon son espèce, ainsi les arbres, les hommes, les herbes. Une graine peut produire mille autres graines. Donc il est possible de multiplier les choses à l'infini. D'après ce qui précède, celui qui analyse les choses verra que si les Philosophes ont parlé d'une façon obscure, ils ont dit du moins la vérité. Ils ont dit en effet que notre Pierre a une âme, un corps et un esprit, ce qui est vrai. Ils ont comparé son corps imparfait au corps, parce qu'il est sans puissance par lui-même ; ils ont appelé l'Eau un esprit vital, parce qu'elle donne au corps, imparfait en soi et inerte, la vie qu'il n'avait pas auparavant et qu'elle perfectionne sa forme. Ils ont appelé le ferment âme, car ainsi qu'on le verra plus loin, il a aussi donné la vie au corps imparfait, il le perfectionne et le change en sa propre nature.

Le philosophe dit : « Change les natures et tu trouveras ce que tu cherches. » Cela est vrai. Car dans
notre magistère nous tirons d'abord le subtil de l'épais,
l'esprit du corps, et enfin le sec de l'humide, c'est-à-dire
la terre de l'Eau, c'est ainsi que nous changeons les
natures ; ce qui était en bas nous le mettons en haut,
de sorte que l'esprit devient corps, ensuite le corps
devient esprit. Les philosophes disent encore que l'on
fait notre Pierre d'une seule chose et avec un seul vaisseau ; et ils ont raison. Tout notre magistère est tiré de
notre Eau et se fait avec elle. Elle dissout les métaux
eux-mêmes, mais ce n'est pas en se changeant en eau
de la nuée, comme le croient les ignorants. Elle calcine
et réduit en terre. Elle transforme les corps en cendres,
elle incinère, blanchit et nettoie, selon ce que dit
Morien : « L'Azoth et le feu nettoient le Laiton, c'est-
à-dire le lavent et lui enlèvent complétement sa noirceur. » Le laiton est un corps impur, l'azoth c'est l'ar-
gent-vif.

Notre Eau unit des corps différents entre eux, s'ils
ont été préparés comme il vient d'être dit ; cette union
est telle que ni le feu ni aucune autre force ne peut les
séparer par la combustion de leur principe igné. Cette
transmutation subtilise les corps, mais ce n'est pas là la

sublimation vulgaire des simples d'esprit, des gens sans
expérience, pour lesquels sublimer c'est élever. Ces
gens-là prennent des corps calcinés, les mêlent aux
esprits sublimables, c'est-à-dire au mercure, à l'arsenic,
au soufre etc., et ils subliment le tout à l'aide d'une
forte chaleur.

Les corps calcinés sont entraînés par les esprits et ils
disent qu'il sont sublimés. Mais quelle n'est pas leur
déception, quand ils trouvent des corps impurs avec
leurs esprits plus impurs qu'auparavant ! Notre sublimation ne consiste pas à élever ; la sublimation des Philosophes est une opération qui fait d'une chose vile et corrom-
pue (par la terre) une autre chose plus pure. De même
quand l'on dit communément : Un tel a été élevé à l'E-
piscopat... par « élevé » on entend qu'il a été exalté et
placé dans une position plus honorable. De même nous
disons que les corps ont changé de nature, c'est-à-dire
qu'ils ont été exaltés, que leur essence est devenue
plus pure ; on voit donc que sublimer est la même chose
que purifier ; c'est ce que fait notre Eau.

C'est ainsi que l'on doit entendre notre sublimation
philosophique sur laquelle beaucoup se sont trompés.

Or, notre Eau mortifie, illumine, nettoie et vivifie ;
elle fait d'abord apparaître les couleurs noires pendant

la mortification du corps, puis viennent des couleurs nombreuses et variées, et enfin la blancheur. Dans le mélange de l'Eau et du ferment du corps, c'est-à-dire du corps préparé, une infinité de couleurs apparaissent.

C'est ainsi que notre Magistère est tiré d'un, se fait avec un, et il se compose de quatre et trois sont en un.

Apprends encore, Père vénérable, que les philosophes ont multiplié les noms de la Pierre mixte pour la mieux cacher. Ils ont dit qu'elle est corporelle et spirituelle, et ils n'ont pas menti, les Sages comprendront. Car elle a un esprit et un corps ; le corps est spirituel seulement dans la solution et l'esprit est devenu corporel par son union avec le corps. Les uns l'appellent ferment, les autres Airain.

Morien dit: « La science de notre Magistère est comparable en tout à la procréation de l'homme. Premièrement, le coït. Secondement, la conception. Troisièmement, l'imbibition. Quatrièmement, la naissance. Cinquièmement, la nutrition ou alimentation. » Je vais t'expliquer ces paroles. Notre sperme qui est le Mercure, s'unit à la terre, c'est-à-dire au corps imparfait, appelé aussi Terre-Mère (la terre étant la mère de tous les éléments). C'est là ce que nous entendons par le coït.

Puis lorsque la terre a retenu en soi un peu de Mercure, on dit qu'il y a conception. Quand nous disons que le mâle agit sur la femelle, il faut entendre par là que le Mercure agit sur la terre. C'est pourquoi les Philosophes ont dit que notre magistère est mâle et femelle et qu'il résulte de l'union de ces deux principes.

Après l'adjonction de l'Eau, c'est-à-dire du Mercure, la terre croît et augmente en blanchissant, on dit alors qu'il y a imbibition. Ensuite le ferment se coagule, c'est-à-dire qu'il se joint au corps imparfait, préparé comme il a été dit, jusqu'à ce que sa couleur et son aspect soient uniformes, c'est la naissance, parce qu'à ce moment apparaît notre Pierre que les Philosophes ont appelée : le Roi, comme il est dit dans la Tourbe « Honorez notre Roi sortant du feu, couronné d'un diadème d'or ; obéissez-lui jusqu'à ce qu'il soit arrivé à l'âge de la perfection, nourrissez-le jusqu'à ce qu'il soit grand. Son père est le Soleil, sa mère est la Lune ; la Lune c'est le corps imparfait. Le Soleil c'est le corps parfait. »

Cinquièmement et en dernier lieu vient l'alimentation, plus il est nourri, plus il s'accroît. Or, il se nourrit de son lait, c'est-à-dire du sperme qui l'a engendré au commencement. Il faut donc l'imbiber de Mercure, jusqu'à ce qu'il en ait bu deux parties, ou plus si c'est nécessaire.

S'ENSUIT MAINTENANT LA PRATIQUE.

Passons maintenant à la pratique, comme je l'ai an-
noncé plus haut. Et d'abord tous les corps doivent
être ramenés à la matière première pour rendre la transmutation possible. Je vais ici te démontrer tout ce qui
a été dit plus haut. Je te prie donc, ô mon fils, de ne pas
dédaigner ma Pratique, parce qu'en elle se cache tout
notre Magistère, comme je l'y ai vu dans ma foi occulte.

Prends une livre d'Or, réduis-la en limaille très-bril-
lante, mêle-la avec quatre parties de notre Eau purifiée, en
la broyant et en l'incorporant avec un peu de sel et de
vinaigre, jusqu'à ce que le tout soit amalgamé. L'or ayant
donc été bien amalgamé, mets-le dans une grande quantité d'Eau-de-vie, c'est-à-dire de Mercure et mets-le tout
dans l'Urinal sur notre centre purifié ; fais au-dessous un
feu très-lent pendant un jour entier ; laisse alors refroidir, et quand ce sera froid, prends l'Eau et tout ce qui
est avec, filtre à travers une toile de lin, jusqu'à ce que
la partie liquide ait passé à travers le linge. Mets à
part ce qui restera sur le linge, recueille-le et l'ayant
mis dans une nouvelle quantité d'Eau bénite dans le

même vase que ci-dessus, chauffe un jour entier, puis
filtre comme précédemment. Recommence ainsi jusqu'à
ce que tout le corps soit converti en Eau, c'est-à-dire en
la matière première qui est notre Eau.

Ceci fait, prends toute cette Eau, mets-la dans un
vase de verre et cuis à feu lent jusqu'à ce que tu voies
la noirceur apparaître à sa surface ; tu enlèveras les particules noires avec adresse. Continue jusqu'à ce que
tout le corps soit changé en une terre pure. Plus tu
recommenceras cette opération et mieux cela vaudra.
Recuis donc, en enlevant la noirceur, jusqu'à ce que
les ténèbres aient disparu, et que l'Eau, c'est-à-dire
notre Mercure, apparaisse brillante. C'est alors que tu
auras la Terre et l'Eau.

Ensuite prends toute cette terre, c'est-à-dire la noirceur que tu as recueillie ; mets-la dans un vaisseau de
verre, verse par-dessus de l'Eau Bénite, en sorte que
rien ne dépasse la surface de l'eau, que rien ne surnage ;
et chauffe à feu léger pendant dix jours ; puis broye et
remets de nouvelle Eau ; recuis la terre ainsi coagulée et
épaissie sans ajouter d'eau. Cuis enfin à feu violent toujours dans le même vase, jusqu'à ce que la terre
devienne blanche et brillante.

Ayant donc blanchi et coagulé notre terre, prends

même vase que ci-dessus, chauffe un jour entier, puis
filtre comme précédemment. Recommence ainsi jusqu'à
ce que tout le corps soit converti en Eau, c'est-à-dire en
la matière première qui est notre Eau.

Ceci fait, prends toute cette Eau, mets-la dans un
vase de verre et cuis à feu lent jusqu'à ce que tu voies
la noirceur apparaître à sa surface ; tu enlèveras les particules noires avec adresse. Continue jusqu'à ce que
tout le corps soit changé en une terre pure. Plus tu
recommenceras cette opération et mieux cela vaudra.
Recuis donc, en enlevant la noirceur, jusqu'à ce que
les ténèbres aient disparu, et que l'Eau, c'est-à-dire
notre Mercure, apparaisse brillante. C'est alors que tu
auras la Terre et l'Eau.

Ensuite prends toute cette terre, c'est-à-dire la noirceur que tu as recueillie ; mets-la dans un vaisseau de
verre, verse par-dessus de l'Eau Bénite, en sorte que
rien ne dépasse la surface de l'eau, que rien ne surnage ;
et chauffe à feu léger pendant dix jours ; puis broye et
remets de nouvelle Eau ; recuis la terre ainsi coagulée et
épaissie sans ajouter d'eau. Cuis enfin à feu violent toujours dans le même vase, jusqu'à ce que la terre
devienne blanche et brillante.

Ayant donc blanchi et coagulé notre terre, prends

RÉCAPITULATION.

Maintenant, Père vénérable, je reviendrai sur ce que j'ai dit en l'appliquant aux préparations des Philosophes anciens et à leurs enseignements si obscurs, si incompréhensibles. Cependant pèse les paroles des Philosophes, tu comprendras et tu avoueras qu'ils ont dit la vérité.

La première parole de notre Magistère ou de l'Œuvre est la réduction du Mercure (le corps), c'est-à-dire la réduction du cuivre ou d'un autre métal en Mercure. C'est ce que les Philosophes appellent la solution, qui est le fondement de l'Art, comme le dit Franciscus : « Si vous ne dissolvez les corps, vous travaillez en vain. » C'est de cette solution de laquelle parle Parménide dans la *Tourbe des Philosophes*. En entendant le mot de solution, les ignorants pensent de suite à l'Eau des nuées. Mais s'ils avaient lu nos livres, s'ils les avaient compris, ils sauraient que notre Eau est permanente, et que séparée de son corps elle devient dès lors immuable. Donc la solution des Philosophes n'est pas l'Eau de la nuée, mais c'est la conversion des corps en Eau de laquelle ils ont d'abord été procréés, c'est-à-dire en

Mercure. De même la glace se change en l'eau qui lui avait d'abord donné naissance.

Voici donc que par la grâce de Dieu tu connais le premier élément qui est l'Eau et la réduction de ce même corps en la matière première.

La seconde parole est « Ce qui se fait de la terre ». C'est ce que les Philosophes ont dit. « L'Eau sort de la terre. » Tu auras ainsi le second élément qui est la terre.

La troisième parole des Philosophes est la purification de la Pierre. Morien dit à ce sujet : « Cette Eau se putréfie et se purifie avec la terre, etc. » Le Philosophe dit : « Unis le sec à l'humide ; or, le sec c'est la terre, l'humide c'est l'Eau. » Tu auras déjà l'Eau et la terre en elle-même et la terre blanchie avec l'Eau.

La quatrième parole est que l'Eau peut s'évaporer par la sublimation ou l'ascension. Elle redevient aérienne en se séparant de la terre avec laquelle elle était auparavant coagulée et jointe ; et tu auras ainsi la Terre, l'Air et l'Eau. C'est ce que dit le Philosophe dans la Tourbe : « Blanchissez-le et sublimez à un feu vif jusqu'à ce qu'il s'échappe un esprit qui est le Mercure. C'est pour cela qu'on l'appelle oiseau d'Hermès et poulet d'Hermogène. » Vous trouverez au fond une terre calcinée, c'est une force ignée, c'est-à-dire de nature ignée.

Tu auras donc les quatre éléments, la terre, le feu et cette terre calcinée qui est la poudre dont parle Morien. « Ne méprise pas la poudre qui est au fond parce qu'elle est dans un lieu bas. C'est la terre du corps, c'est ton sperme et en elle est le couronnement de l'Œuvre.

Ensuite avec la terre susdite mets le ferment, ce ferment que les Philosophes appellent l'âme : et voici pourquoi : de même que le corps de l'homme n'est rien sans son âme, de même la terre morte ou corps immonde n'est rien sans ferment, c'est-à-dire sans son âme.

Car le ferment prépare le corps imparfait, le change en sa propre nature comme il a été dit. Il n'y a pas d'autres ferments que le Soleil et la Lune, ces deux planètes voisines se rapprochant par leurs propriétés naturelles. C'est ce qui fait dire à Morien : « Si tu ne laves pas, si tu ne blanchis pas le corps immonde et que tu ne lui donnes pas d'âme, tu n'auras rien fait pour le Magistère. L'esprit est alors uni à l'âme et au corps, il se réjouit avec eux et se fixe. L'eau s'altère, et ce qui était épais devient subtil. »

Voici ce que dit Astanus dans la *Tourbe des Philosophes* : « L'esprit ne se joint aux corps que lorsque ceux-ci ont été parfaitement purifiés de leurs impuretés. Dans cette union apparaissent les plus grands miracles, car toutes les couleurs imaginables se montrent alors et le corps imparfait prend d'après Barsen la couleur du ferment, tandis que le ferment lui-même demeure inaltéré.

O Père plein de piété, que Dieu augmente en toi l'esprit d'intelligence pour que tu pèses bien ce que je vais dire : les éléments ne peuvent être engendrés que par leur propre sperme. Or ce sperme c'est le Mercure. Considère l'homme qui ne peut être engendré qu'à l'aide du sperme, les végétaux qui ne peuvent naître que d'une semence, autant qu'il en faut pour la génér .on et la croissance.

Il en est, qui croyant faire pour le mieux, subliment le Mercure, le fixent, l'unissent à d'autres corps, et cependant ils ne trouvent rien. Voici pourquoi : un sperme ne peut changer, il reste tel qu'il était ; et il ne produit son effet que lorsqu'il est porté dans la matrice de la femme. C'est pourquoi le Philosophe Mechardus dit : « Si notre Pierre n'est pas mise dans la matrice de la femelle, afin d'y être nourrie, elle ne s'accroitra pas.

O mon Père, te voilà donc selon ton désir, en possession de la Pierre des Philosophes.

Gloire à Dieu.

Ici se termine le petit traité d'Arnauld de Villeneuve, donné au pape, Benoît XI, en l'an 1303.

RAIMONDI LULLII

CLAVICULA

RAYMOND LULLE

LA CLAVICULE

NOTICE BIOGRAPHIQUE SUR RAYMOND
LULLE

Raymond Lulle naquit à Palma dans l'île Majorque
en 1235. Son père, sénéchal de Jacques Ier d'Aragon, le
destinait à la carrière des armes. La jeunesse de R. Lulle
fut turbulente et licencieuse, le mariage ne modifia pas
sa conduite, mais à la suite d'un violent amour terminé
d'une façon malheureuse, il renonça au monde et après
avoir partagé ses biens entre ses enfants, il se retira dans
la solitude. C'est alors qu'il forme le projet de convertir
les infidèles, ce sera là la grande idée à laquelle il consa-
crera toute sa vie. Pour apprendre l'arabe, il achète un
esclave musulman, mais celui-ci ayant deviné le but de
son maître, tente de l'assassiner. A peine rétabli, Raymond Lulle fonde un monastère où l'on enseigne l'arabe,
où l'on forme des missionnaires. Puis il parcourt l'Europe s'adressant aux papes, aux rois, aux empereurs,
demandant aux uns leur autorité morale, aux autres
des secours en argent pour faire fructifier son œuvre.
C'est dans ces pérégrinations qu'il se mit en relations à
Paris avec Arnauld de Villeneuve et Duns Scot. Il visite
l'Espagne, l'Italie, la France, l'Autriche. Joignant
l'exemple à la parole, il passe deux fois en Afrique, est
condamné à mort à Tunis, et n'échappe que grâce à la

3

protection d'un savant arabe qui l'avait pris en affection.

En 1311, nous le trouvons au concile de Vienne. C'est là qu'il reçut une lettre d'Edouard II. Ce prince, se montrant favorable à ses projets, R. Lulle va en Angleterre. Le roi le fait enfermer dans la tour de Londres et le force à faire le grand-œuvre. Raymond Lulle change en or des masses considérables de mercure et d'étain, cinquante mille livres, dit Lenglet Dufresnoy. De cet or on fit les nobles à la rose ou Raymondines Craignant pour sa vie, R. Lulle s'échappe de Londres et retourne en Afrique. A peine débarqué, il se met à prêcher, la populace indignée de son audace, le lapide. La nuit suivante des Gênois l'enlevèrent respirant encore de dessous un monceau de pierres et le portèrent à bord de leur vaisseau, mais il mourut en vue de Palma; il fut enterré dans le couvent des franciscains de cette ville (1313).

Principaux ouvrages : *Codicillus seu vade mecum, Testamentum, Mercuriorum liber, Clavicula, Experimenta, Potestas divitiarum, Theoria et practica, Lapidarium, Testamentum novissimum*, etc.

Le présent traité : *Clavicula seu Apertorium* se trouve dans le *Theatrum chimicum* et dans la *Bibliotheca chemica Mangeti*. Comme son nom l'indique, c'est la clef de tous les autres ouvrages de Raymond Lulle.

LA CLAVICULE DE RAYMOND LULLÉ DE MAJORQUE

Traité connu aussi sous le nom de Clef universelle, dans lequel on trouvera clairement indiqué tout ce qui est nécessaire pour parfaire le Grand-Œuvre.

Nous avons appelé cet ouvrage Clavicule, parce que sans lui, il est impossible de comprendre nos autres livres, dont l'ensemble embrasse l'Art tout entier, car nos paroles sont obscures pour les ignorants.

J'ai fait beaucoup de traités, très étendus, mais divisés et obscurs, comme on peut le voir par le Testament, où je parle des principes de la nature et de tout ce qui a trait à l'art, mais le texte a été soumis au marteau de la Philosophie. De même pour mon livre du Mercure des philosophes, au second chapitre : de la fécondité des minières physiques, de même pour mon livre de la Quintessence de l'or et de l'argent, de même enfin pour tous mes autres ouvrages où l'art est traité d'une manière complète, sauf que j'ai toujours caché le secret principal. Or, sans ce secret nul ne peut entrer dans les mines des

philosophes et faire quelque chose d'utile, c'est pourquoi
avec l'aide et la permission du Très-Haut auquel il a
plu me révéler le Grand-Œuvre, je traiterai ici de l'Art
sans aucune fiction. Mais gardez-vous de révéler ce
secret aux méchants ; ne le communiquez qu'à vos amis
intimes, quoique vous ne dussiez le révéler à personne,
parce que c'est un don de Dieu qui en fait présent à qui
lui semble bon. Celui qui le possédera, aura un trésor
éternel.

Apprenez donc à purifier le parfait par l'imparfait. Le
Soleil est le père de tous les métaux et la Lune est leur
mère, quoique la Lune reçoive sa lumière du Soleil. De
ces deux planètes dépend le magistère tout entier.

D'après Avicenne, les métaux ne peuvent être trans-
mués qu'après avoir été ramenés à leur matière première,
ce qui est vrai. Il te faudra donc réduire d'abord les
métaux en Mercure ; mais je n'entends pas ici le mercure vulgaire, volatil, je parle du Mercure fixe ; car le
mercure vulgaire est volatil, plein d'une froideur flegmatique, il est indispensable qu'il soit réduit par le Mercure
fixe, plus chaud, plus sec, doué de qualités contraires
à celles du mercure vulgaire.

C'est pourquoi je vous conseille, ô mes amis, de
n'opérer sur le Soleil et la Lune qu'après les avoir ra-

menés à leur matière première qui est le soufre et le Mercure des philosophes.

O mes enfants, apprenez à vous servir de cette matière vénérable, car je vous en avertis sous la foi du serment, si vous ne tirez le Mercure de ces deux métaux, vous travaillerez comme des aveugles, dans l'obscurité et dans le doute. C'est pourquoi, ô mes fils, je vous conjure de marcher vers la lumière, les yeux ouverts et de ne pas tomber en aveugles dans le gouffre de perdition.

CHAPITRE I

DIFFÉRENCES DU MERCURE VULGAIRE ET DU MERCURE PHYSIQUE.

Nous disons : le mercure vulgaire ne peut pas être le Mercure des Philosophes, par quelqu'artifice qu'on l'ait préparé ; car le mercure vulgaire ne peut tenir au feu qu'à l'aide d'un Mercure étranger corporel qui soit chaud, sec, et plus digéré que lui. C'est pourquoi je dis que notre Mercure physique est d'une nature plus chaude et plus fixée que le mercure vulgaire. Notre Mercure

corporel se convertit en mercure coulant, ne mouillant
pas les doigts ; quand il est joint au mercure vulgaire, ils
s'unissent et se joignent si bien à l'aide d'un lien d'a-
mour, qu'il est impossible de les séparer l'un de l'autre,
de même de l'eau mêlée à de l'eau. Telle est la loi de la
nature. Notre Mercure pénètre le mercure vulgaire et
se mêle à lui en desséchant son humidité flegmatique,
lui enlevant sa froideur, ce qui le rend noir comme du
charbon et le fait enfin tomber en poussière.

Remarque bien que le mercure vulgaire ne peut être
employé à la place de notre Mercure physique, lequel
possède la chaleur naturelle au degré voulu ; c'est
même pour cela que notre Mercure communique sa
propre nature au mercure vulgaire.

Bien plus, notre Mercure, après sa transmutation,
change les métaux en métal pur, c'est-à-dire en Soleil et
en Lune, ainsi que nous l'avons démontré dans la seconde partie de notre Pratique. Mais il fait quelque chose
de plus remarquable encore, il change le mercure vulgaire en Médecine pouvant transmuer les métaux imparfaits en parfaits. Il change le mercure vulgaire en vrai
Soleil et en vraie Lune, meilleurs que ceux qui sortent
de la mine. Notez encore que notre Mercure physique
peut transmuer cent marcs et plus, à l'infini, tout ce

que l'on aura, de mercure ordinaire, à moins que celui-
ci ne vienne à manquer.

Je veux aussi que vous sachiez autre chose, le Mercure ne se mélange pas facilement et jamais parfaitement
à d'autres corps, si ceux-ci n'ont été auparavant ramenés à son espèce naturelle. C'est pourquoi lorsque tu
voudras unir le Mercure au Soleil ou à la Lune du vulgaire, il te faudra d'abord ramener ces métaux à leur espèce naturelle qui est le mercure ordinaire, cela à l'aide
du lien d'amour naturel ; alors le mâle s'unit à la femelle.

Aussi notre Mercure est-il actif, chaud et sec, tandis
que le mercure vulgaire est froid, humide, passif comme
la femelle qui est retenue à la maison dans une chaleur
tempérée jusqu'à l'obumbration. Alors ces deux mercures
deviennent noirs comme charbon ; c'est là le secret de la
vraie dissolution. Puis ils se joignent entre eux de telle
sorte qu'il devient impossible de les séparer jamais. Ils se
présentent alors sous forme d'une poudre très blanche,
et ils engendrent des enfants mâles et femelles par le
vrai lien d'amour. Ces enfants se multiplieront à l'infini
selon leur espèce ; car d'une once de cette poudre, poudre de projection, élixir blanc ou rouge, tu feras des So-
leils en nombre infini et tu transmueras en Lune toute
espèce de métal sorti d'une mine.

CHAPITRE II

EXTRACTION DU MERCURE DU CORPS PARFAIT.

Prends une once de chaux de Lune coupellée, calcine-la selon la façon décrite à la fin de notre ouvrage sur le Magistère. Cette chaux sera ensuite réduite en poudre fine sur une plaque de porphyre. Tu imbiberas cette poudre, deux, trois, quatre fois par jour avec de la bonne huile de tartre préparée de la manière décrite à la fin de cet ouvrage ; puis tu feras sécher au soleil. Tu continueras ainsi jusqu'à ce que ladite chaux ait absorbé quatre ou cinq parties d'huile, la quantité de chaux étant prise pour unité ; tu pulvériseras la poudre sur le porphyre comme il a été dit, après l'avoir desséchée, car alors elle se réduit plus facilement en poudre. Lorsqu'elle aura été bien porphyrisée, on l'introduira dans un matras à long col. Vous y ajouterez de notre menstrue puant fait avec deux parties de vitriol rouge et une partie de salpêtre ; vous aurez auparavant distillé ce menstrue par sept fois et vous l'aurez bien rectifié en le séparant de ses impuretés terreuses, si bien qu'à la fin ce menstrue soit complétement essentiel.

Alors on lutera parfaitement le matras, on le mettra au feu de cendres, avec quelques charbons, jusqu'à ce que l'on voie la matière bouillir et se dissoudre. Enfin l'on distillera sur les cendres jusqu'à ce que tout le menstrue ait passé et l'on attendra que la matière soit froide.

. Quand le vase sera complétement refroidi, on l'ouvrira, et la matière sera placée dans un autre vase bien propre muni de son chapiteau parfaitement luté. On placera le tout sur des cendres dans un fourneau. Le lut étant sec, on chauffera d'abord doucement jusqu'à ce que toute l'eau de la matière sur laquelle on opère ait passé dans le récipient. Puis on augmente le feu pour dessécher complétement la matière et exalter les esprits puants qui passeront dans le chapiteau et de là dans le récipient. Lorsque vous verrez l'opération arrivée à ce point, vous laisserez refroidir le vaisseau en diminuant peu à peu le feu. Le vase étant froid, vous en retirerez la matière que vous réduirez en poudre subtile sur le porphyre. Vous mettrez la poudre impalpable ainsi obtenue dans un vase de terre bien cuit et bien vitrifié. Puis vous verserez par dessus de l'eau ordinaire bouillante, en remuant avec un bâton propre, jusqu'à ce que le mélange soit épais comme de la moutarde. Remuez bien avec la baguette jusqu'à ce que vous voyiez apparaître quelques globules de mer-

cure dans la matière ; il y en aura bientôt une assez grande
quantité selon ce que vous aurez employé de corps parfait, c'est-à-dire de Lune. Et jusqu'à ce que vous en
ayez une grande quantité, versez de temps en temps de
l'eau bouillante et remuez jusqu'à ce que toute la matière
se réduise en un corps semblable au mercure vulgaire.
On enlèvera les impuretés terreuses avec de l'eau froide,
on sèchera sur un linge, on passera à travers une peau
de chamois. Et alors vous verrez des choses admirables.

CHAPITRE III

DE LA MULTIPLICATION DE NOTRE MERCURE.

Au nom du Seigneur. Amen.

Prenez trois gros de Lune pure en lamelles ténues ;
faites-en un amalgame avec quatre gros de mercure vulgaire bien lavé. Quand l'amalgame sera fait vous le
mettrez dans un petit matras ayant un col d'un pied et
demi.

Prenez ensuite notre Mercure extrait ci-dessus du
corps lunaire, et mettez-le sur l'amalgame fait avec le

corps parfait et le mercure vulgaire; lutez le vase avec le meilleur lut possible et faites sécher. Ceci fait, agitez fortement le matras pour bien mélanger l'amalgame et le mercure. Puis placez le vase où se trouve la matière dans un petit fourneau sur un feu de quelques charbons seulement; la chaleur du feu ne doit pas être supérieure à celle du soleil lorsqu'il est dans le signe du lion. Une chaleur plus forte détruirait votre matière; aussi continuez ce degré de feu jusqu'à ce que la matière devienne noire comme du charbon et épaisse comme de la bouillie. Maintenez la même température jusqu'au moment où la matière prendra une couleur gris sombre; lorsque le gris apparaîtra, on augmentera le feu d'un degré et il sera deux fois plus fort; on le maintiendra ainsi jusqu'à ce que la matière commence à blanchir et devienne d'une blancheur éclatante. On augmentera le feu d'un degré et l'on maintiendra ce troisième degré jusqu'à ce que la matière devienne plus blanche que la neige et soit réduite en poudre plus blanche et plus pure que la cendre. Vous aurez alors la Chaux vive des Philosophes et sa minière sulfureuse que les Philosophes ont si bien cachées.

CHAPITRE IV

PROPRIÉTÉ DE LA CHAUX DES PHILOSOPHES.

Cette Chaux convertit une quantité infinie de mercure vulgaire en une poudre très blanche qui peut être réduite en argent véritable quand on l'unit à quelqu'autre corps comme la Lune.

———

CHAPITRE V

MULTIPLICATION DE LA CHAUX DES PHILOSOPHES.

Prends le vaisseau avec la matière, ajoutes-y deux onces de mercure vulgaire bien lavé et sec; lute avec soin, et remets le vaisseau où il était d'abord. Règle et gouverne le feu selon les degrés un, deux et trois comme ci-dessus, jusqu'à ce que le tout soit réduit en une poudre très blanche; tu pourras ainsi augmenter ta Chaux à l'infini.

———

CHAPITRE VI

RÉDUCTION DE LA CHAUX VIVE EN VRAIE LUNE.

Ayant donc préparé une grande quantité de notre
Chaux vive ou minière, prends un creuset neuf sans son
couvercle ; mets-y une once de Lune pure et lorsqu'elle
sera fondue, ajoutes-y quatre onces de ta poudre agglo-
mérée en pilules. Ces petites boules pèsent chacune le
quart d'une once. On les jette une à une sur la Lune en
fusion, tout en continuant un feu violent jusqu'à ce que
toutes les pilules soient fondues ; on augmente encore le
feu pour que tout se mélange parfaitement ; enfin on
coulera dans une lingotière.

Tu auras ainsi cinq onces d'argent fin, plus pur que le
naturel ; tu pourras multiplier ta minière physique à ton
gré.

CHAPITRE VII

DE NOTRE GRAND-ŒUVRE AU BLANC ET AU ROUGE.

Réduisez en Mercure, comme il a été dit plus haut
votre Chaux vive tirée de la Lune. C'est là notre Mer-

cure secret. Prenez donc quatre onces de notre chaux, extrayez le Mercure de la Lune comme vous l'avez fait plus haut. Vous recueillerez au moins trois onces de Mercure que vous mettrez dans un petit matras à long col comme il a été dit. Puis faites un amalgame d'une once de vrai Soleil avec trois onces de mercure vulgaire et mettez-le sur le Mercure de la Lune. Agitez fortement pour bien mélanger. Lutez le vaisseau avec soin et mettez-le dans le fourneau, en réglant le feu au premier, second et troisième degré.

Au premier degré, la matière deviendra noire comme du charbon ; on dit alors qu'il y a éclipse de Soleil et de Lune. C'est la véritable conjonction qui produit un enfant, le Soufre, plein d'un sang tempéré.

Après cette première opération, on continue par le feu du second degré jusqu'à ce que la matière soit grise. Puis on passe au troisième degré jusqu'au moment où la matière apparaît parfaitement blanche. On augmente alors le feu jusqu'à ce que la matière devienne rouge comme du cinabre et soit réduite en cendres rouges. Tu pourras réduire cette Chaux en Soleil très pur, en faisant les mêmes opérations que pour la Lune.

CHAPITRE VIII

DE LA MANIÈRE DE CHANGER LA SUSDITE PIERRE EN UNE MÉDECINE QUI TRANSMUE TOUTE ESPÈCE DE MÉTAL EN VRAI SOLEIL ET VRAIE LUNE ET SURTOUT LE MERCURE VULGAIRE EN MÉTAL PLUS PUR QUE CELUI QUI SORT DES MINES.

Après sa première résolution notre Pierre multiplie cent parties de matière préparée, et après la seconde, mille. L'on multiplie en dissolvant, coagulant, sublimant, fixant notre matière qui peut ainsi s'accroître indéfiniment en quantité et en qualité.

Prenez donc de notre minière blanche, dissolvez-la dans notre menstrue puant, qui est appelé vinaigre blanc dans notre Testament, au chapitre où nous disons: « Prends du bon vin bien sec, mets-y la Lune, c'est-à-dire l'Eau verte et C, c'est-à-dire du Salpêtre.... » Mais ne nous égarons pas; prenez quatre onces de notre Chaux vive et faites dissoudre dans notre menstrue, vous la verrez se résoudre en eau verte. D'autre part dans treize onces de ce même menstrue puant vous dissoudrez quatre onces de mercure vulgaire bien lavé, et dès que la dissolution sera achevé, vous mélangerez les deux solutions ; mettez-les en un vase bien scellé, faites digérer au fumier de cheval pendant trente jours, puis distillez au bain-marie jusqu'à ce qu'il ne passe plus rien. Redistillez au feu de charbon afin d'extraire l'huile et alors la matière qui restera, sera noire. Prenez celle-ci et distillez pendant deux heures sur les cendres dans un petit fourneau. Le vase étant froid, ouvrez-le et versez-y l'eau qui a été distillée ci-dessus au bain-marie. Lavez bien la matière avec cette eau. Puis distillez le menstrue au bain-marie ; recueillez toute l'eau qui passera, joignez-la à l'huile et distillez sur les cendres, comme il a été dit. Recommencez cette opération jusqu'au moment où la matière restera au fond du vaisseau, noire comme du charbon.

Fils de la science, tu auras alors la Tête de corbeau que les Philosophes ont tant cherchée, sans laquelle le Magistère ne peut exister. C'est pourquoi, ô mon Fils, remémore-toi la divine Cène de Notre-Seigneur Jésus-Christ qui est mort, a été enseveli, et le troisième jour est revenu à la lumière sur la terre éternelle. Sache-bien, ô mon Fils, que nul être ne peut vivre s'il n'est mort tout d'abord. Prends donc ton corps noir, calcinele dans le même vaisseau pendant trois jours, puis laisse refroidir.

Ouvre-le et tu trouveras une terre spongieuse et morte, que tu conserveras jusqu'à ce qu'il soit nécessaire d'unir le corps à l'âme.

Tu prendras l'eau qui a été distillée au bain-marie, tu la distilleras plusieurs fois de suite, jusqu'à ce qu'elle soit bien purifiée et réduite en une matière cristalline.

Imbibe donc ton corps qui est la Terre noire avec sa propre eau, l'arrosant peu à peu et chauffant le tout, jusqu'à ce que le corps devienne blanc et resplendissant. L'eau qui vivifie et qui clarifie a pénétré le corps. Le vaisseau ayant été luté, tu chaufferas violemment pendant douze heures, comme si tu voulais sublimer le mercure vulgaire. Le vase s'étant refroidi, tu l'ouvriras et tu y trouveras ta matière sublimée, blanche, c'est notre Terre Sigillée, c'est notre corps sublimé, élevé à une haute dignité, c'est notre Soufre, notre Mercure, notre Arsenic, avec lequel tu réchaufferas notre Or, c'est notre ferment, notre chaux vive et il engendre en soi le Fils du feu qui est l'Amour des philosophes.

———

CHAPITRE IX

MULTIPLICATION DU SOUFRE SUSDIT.

Mets cette matière dans un fort matras et verse par-dessus un amalgame fait avec la Chaux vive de la première opération, celle que nous réduisions en argent. Cet amalgame se fait avec trois parties de mercure vulgaire et une partie de notre Chaux; vous mélangerez et vous chaufferez sur les cendres. Vous verrez la matière s'agiter, augmentez alors le feu et en quatre heures la matière deviendra sulfurée et très blanche. Lorsqu'elle aura été fixée, elle coagulera et fixera le Mercure; une once de matière changera cent onces de Mercure en vraie Médecine; elle opérera ensuite sur mille onces, et ainsi de suite à l'infini.

CHAPITRE X

FIXATION DU SOUFRE MULTIPLIÉ.

L'on prendra le soufre multiplié, on le placera dans un matras et l'on versera par-dessus l'huile qui avait été mise de côté lors de la séparation des éléments.

On versera de l'huile jusqu'à ce que le Soufre soit mou. Puis on mettra fondre sur les cendres, en chauffant au second et troisième degré, jusqu'à la blancheur inclusivement. Alors on ouvrira le vaisseau et l'on trouvera une plaque cristalline, blanche. Pour l'essayer, mets-en un fragment sur une plaque chaude, et s'il coule sans produire de fumée il est bon. Alors projettes-en une partie sur mille de mercure et celui-ci sera complétement transmué en Argent. Mais si la médecine avait été infusible et n'avait pas coulé, mets-la dans un creuset et verse dessus de l'huile, goutte à goutte, jusqu'à ce que la médecine coule comme de la cire, et alors elle sera parfaite et transmuera mille parties de mercure et plus à l'infini.

CHAPITRE XI

RÉDUCTION DE LA MÉDECINE BLANCHE EN ÉLIXIR ROUGE.

Au nom du Seigneur, prends quatre onces de la lame susdite et dissous-la dans l'Eau de la Pierre, que tu as conservée. Lorsque la dissolution sera achevée, mets fermenter au bain-marie pendant neuf jours. Alors

prends deux parties en poids de notre Chaux rouge et
ajoute-les dans le vaisseau, tu mettras fermenter de nouveau neuf jours. Ensuite tu distilleras au bain-marie
dans un alambic, puis sur les cendres, en réglant le feu
au premier degré jusqu'au moment où la matière deviendra noire. C'est là notre seconde dissolution et notre
seconde éclipse du Soleil avec la Lune, c'est là le signe
de la vraie dissolution et de la conjonction du mâle avec
la femelle.

Augmente le feu jusqu'au second degré, de façon que
la matière devienne jaune. Ensuite on élèvera le feu
au quatrième degré jusqu'à ce que la matière fonde
comme de la cire et qu'elle soit d'une couleur hyacinthe.
C'est alors une matière noble et une médecine royale
qui guérit promptement toutes les maladies ; elle transmue toute espèce de métal en or pur meilleur que l'or
naturel.

Maintenant rendons grâces au Sauveur glorieux qui
dans la gloire des cieux règne un et trois dans l'éternité.

CHAPITRE XII

RÉSUMÉ DU MAGISTÈRE.

Nous avons démontré que tout ce que renferme ce
traité est véritable, car nous avons vu de nos propres
yeux, nous avons opéré nous-même, nous avons touché
de nos propres mains. Maintenant nous allons sans allé-
gories et brièvement résumer notre Œuvre.

Nous prenons donc la Pierre que nous avons dite,
nous la sublimons avec l'aide de la nature et de l'art,
nous la réduisons en Mercure. A ce Mercure on ajoute
le Corps blanc qui est d'une nature semblable, et on cuit
jusqu'à ce qu'on ait préparé la vraie minière.

Cette minière se multipliera à votre gré. La matière
sera de nouveau réduite en Mercure, que vous dissoudrez dans notre Menstrue jusqu'à ce que la Pierre devienne volatile et séparée de tous ses éléments. Enfin on
purifiera parfaitement le corps et l'âme. Une chaleur
naturelle et tempérée permettra ensuite de réussir la
conjónction du corps et de l'âme. La Pierre deviendra
minière ; on continuera le feu jusqu'à ce que la matière
devienne blanche, nous l'appelons alors Soufre et Mer-

cure des Philosophes ; c'est alors que par la violence
du feu, le fixe devient volatil, en tant que le volatil se
sera débarrassé de ses principes grossiers et se sera sublimé plus blanc que neige. On jettera ce qui reste au
fond du vaisseau, car ce n'est bon à rien. Prenez alors
notre Soufre qui est l'huile dont on a déjà parlé et vous
le multiplierez dans l'alambic jusqu'à ce qu'il soit réduit
en une poudre plus blanche que neige. On fixera les
poudres multipliées par la nature et par l'art, avec de
l'Eau, jusqu'à ce qu'à l'essai par le feu, elles coulent sans
fumée comme de la cire.

Il faut alors ajouter l'eau de la première solution ;
tout s'étant dissous, on y mettra quelque chose de
jaune qui est l'or, on unira et on distillera tout l'esprit.
Enfin on chauffera au premier, second, troisième et
quatrième degré jusqu'à ce que la chaleur fasse apparaître la vraie couleur hyacinthe, et que la matière fixe
soit fusible. Tu projetteras cette matière sur mille parties de mercure vulgaire et il sera transmué en or fin.

CHAPITRE XIII

CALCINATION DE LA LUNE POUR L'ŒUVRE.

Prenez une once de Lune fine coupellée et trois onces
de mercure. Amalgamez, en chauffant d'abord l'argent en
lamelles dans un creuset et en y ajoutant ensuite le mercure ; remuez avec une baguette, tout en continuant à
bien chauffer. On mettra ensuite cet amalgame dans du
vinaigre avec du sel ; on broyera le tout avec un pilon
dans un mortier de bois, tout en lavant et enlevant les
impuretés. On cessera quand l'amalgame sera parfait.
Puis on lavera avec de l'eau ordinaire chaude et limpide,
puis on passera à travers un linge bien propre.

Ce qui restera sur le linge étant la partie la plus essentielle du corps, on le mélangera avec trois parties de sel,
en broyant bien et en lavant. On calcinera enfin pendant douze heures. On recommencera à broyer avec du
sel, et cela par trois fois, en renouvelant chaque fois le
sel. Alors on pulvérisera la matière de manière à obtenir
une poudre impalpable ; on lavera à l'eau chaude jusqu'à
ce que toute saveur salée ait disparu. Enfin on passera
à travers un filtre de coton, on desséchera, et l'on aura

la Chaux blanche. On la mettra en réserve, pour s'en servir lorsqu'on en aura besoin, de peur que l'humidité ne l'altère.

CHAPITRE XIV

PROCÉDÉ POUR PRÉPARER L'HUILE DE TARTRE.

Prenez du bon tartre, dont la cassure soit brillante, calcinez-le au fourneau à reverbère pendant dix heures ; ensuite vous le mettrez sur une plaque de marbre après l'avoir pulvérisé et vous le laisserez dans un lieu humide, il se résoudra en un liquide huileux. Lorsqu'il sera entièrement liquéfié, on le passera à travers un filtre de coton. Vous le conserverez soigneusement, il vous servira à imbiber votre chaux.

CHAPITRE XV

MENSTRUE PUANT POUR RÉDUIRE NOTRE CHAUX VIVE EN MERCURE, APRÈS L'AVOIR DISSOUTE LORSQU'ELLE AURA ÉTÉ DÉJA IMBIBÉE D'HUILE DE TARTRE.

Prenez deux livres de vitriol, une livre de salpêtre et trois onces de cinabre. On rougit le vitriol, on le pulvérise, puis on ajoute le salpêtre et le cinabre, on broye toutes ces matières ensemble, et on met dans un appareil distillatoire bien luté.

On distille d'abord à feu lent, c'est de toute nécessité, comme le savent ceux qui ont fait cette opération. Cette eau distillera en abandonnant ses impuretés qui resteront au fond de la cucurbite et vous aurez ainsi cet excellent menstrue.

CHAPITRE XVI

AUTRE MENSTRUE POUR SERVIR DE DISSOLVANT A LA PIERRE.

Prenez trois livres de vitriol romain rouge, une livre de salpêtre, trois onces de cinabre, broyez toutes ces matières ensemble sur le marbre. Puis mettez-les dans un grand et solide matras, ajoutez-y de l'Eau-de-vie rectifiée sept fois, puis scellez parfaitement le vaisseau et mettez-le pendant quinze jours dans du fumier de cheval. Ensuite on distillera doucement pour que toute l'eau passe dans le récipient. Puis on augmentera le feu jusqu'à ce que le chapiteau soit porté au blanc ; on laissera ensuite refroidir. On enlèvera le récipient que l'on fermera parfaitement avec de la cire et on le conservera. Remarquez que ce menstrue doit être rectifié sept fois, en rejetant chaque fois le résidu. Après cela seulement il sera bon pour l'œuvre.

ROGERII BACHONIS
SPECULUM ALCHEMLE

ROGER BACON
LE MIROIR D'ALCHIMIE

NOTICE BIOGRAPHIQUE SUR ROGER BACON

Roger Bacon naquit en 1214 à Ilcester, comté de Sommerset. Il fit ses premières études à Oxford, et vint ensuite à Paris prendre les titres de maître ès-arts et de docteur en théologie. A cette époque, Albert le Grand professait publiquement à Paris. De retour en Angleterre, il entra dans l'Ordre des Franciscains vers 1240. Il apprit le grec, l'arabe, l'hébreu pour lire les anciens auteurs dans le texte. Il acquit afnsi une prodigieuse érudition. Il revint à Paris, qui lui offrait plus de facilités pour ses études. Ses supérieurs ignorants, effrayés de sa science, commencèrent à le persécuter. Clément IV qui l'admirait fut impuissant à le protéger, et Bacon dut se cacher de ses supérieurs pour écrire et envoyer au pape l'*Opus majus*. Nicolas III succéda à Clément IV. C'est sous ce pontife que Jérôme d'Esculo, général des Franciscains, passant par Paris, fit enfermer Roger Bacon, l'accusant de magie et d'hérésie. Jérôme d'Esculo fut lui-même élu pape sous le nom de Nicolas IV, et Roger Bacon désespérait de jamais sortir de son cachot quand

Raymond Gaufredi fut nommé général des Franciscains. Homme doux et savant, Raymond fit mettre en liberté Roger Bacon et plusieurs autres Franciscains. Bacon retourna en Angleterre, mais il avait trop souffert, il était trop vieux pour reprendre ses chères études. Il mourut à Oxford en 1294 ; à son lit de mort il laissa tomber ces tristes paroles : « Je me repens de m'être donné tant de peine dans l'intérêt de la science ! »

Les ouvrages de R. Bacon relatifs à l'alchimie ont été réunis dans un recueil intitulé : *Rogerii Baconis Thesaurus chimicus*, un vol. in-8°. Francofurti, 1603 et 1620.

Liste des traités de Roger Bacon : *Alchimia major, Breviarium de dono Dei, De leone viridi, Secretum secretorum, Speculum alchemiæ, Epistola de secretis operibus artis et naturæ ac nullitate magiæ.*

Le présent traité se trouve en latin dans la *Bibliotheca chemica mangeti*, dans le *Thesaurus chimicus*, dans le tome II du *Theatrum chimicum*, c'est d'après ce texte qu'a été faite la présente traduction.

C'est un traité d'alchimie spéculative ou théorique.

PETIT TRAITÉ D'ALCHIMIE DE ROGER BACON INTITULÉ MIROIR D'ALCHIMIE

PRÉFACE.

Dans leurs écrits les Philosophes se sont exprimés de bien des manières différentes, mais toujours énigmatiques. Ils nous ont légué une science noble entre toutes, mais voilée complétement pour nous par leur parole nuageuse, entièrement cachée sous un voile impénétrable. Et pourtant ils ont eu raison d'agir ainsi. Aussi, je vous conjure d'exercer avec persévérance votre esprit sur ces sept chapitres, qui renferment l'art de transmuer les métaux, sans avoir à vous inquiéter des écrits des autres philosophes. Repassez souvent dans votre esprit leur commencement, leur milieu, leur fin, et vous y trouverez des inventions si subtiles que votre âme en sera remplie de joie.

CHAPITRE I

DÉFINITIONS DE L'ALCHIMIE.

Dans quelques manuscrits anciens, on trouve de cet art plusieurs définitions desquelles il importe que nous parlions ici. Hermès dit : « L'Alchimie est la science immuable qui travaille sur les corps à l'aide de la théorie et de l'expérience, et qui, par une conjonction naturelle, les transforme en une espèce supérieure plus précieuse. Un autre philosophe a dit : « l'Alchimie enseigne à transmuer toute espèce de métal en une autre, cela à l'aide d'une Médecine particulière, ainsi qu'on peut le voir par les nombreux écrits des Philosophes. » C'est pourquoi je dis : « l'Alchimie est la science qui enseigne à préparer une certaine Médecine ou élixir, laquelle étant projetée sur les métaux imparfaits, leur donne la perfection dans le moment même de la projection.

CHAPITRE II

DES PRINCIPES NATURELS ET DE LA GÉNÉRATION DES MÉTAUX.

Je vais parler ici des principes naturels et de la génération des métaux. Notez d'abord que les principes des
métaux sont le Mercure et le Soufre. Ces deux principes ont donné naissance à tous les métaux et à tous les
minéraux, dont il existe pourtant un grand nombre d'espèces différentes. Je dis de plus que la nature a toujours
eu pour but et s'efforce sans cesse d'arriver à la perfection, à l'or. Mais par suite de divers accidents qui en-
travent sa marche, naissent les variétés métalliques,
ainsi qu'il est clairement exposé dans plusieurs philosophes.

Selon la pureté ou l'impureté des deux principes composants, c'est-à-dire du Soufre et du Mercure, il se
produit des métaux parfaits ou imparfaits, l'or, l'argent,
l'étain, le plomb, le cuivre, le fer. Maintenant recueille
pieusement ces enseignements sur la nature des métaux,
sur leur pureté ou leur impureté, leur pauvreté ou leur
richesse en principes.

Nature de l'Or : l'Or est un corps parfait composé d'un Mercure pur, fixe, brillant, rouge et d'un Soufre pur, fixe, rouge, non combustible. L'Or est parfait.

Nature de l'Argent : c'est un corps pur, presque parfait, composé d'un Mercure pur, presque fixe, brillant, blanc. Son Soufre a les mêmes qualités. Il ne manque à l'Argent qu'un peu plus de fixité, de couleur et de poids.

Nature de l'étain : c'est un corps pur, imparfait, composé d'un Mercure pur, fixe et volatil, brillant, blanc à l'extérieur, rouge à l'intérieur. Son Soufre a les mêmes qualités. Il manque seulement à l'étain d'être un peu plus cuit et digéré.

Nature du plomb : c'est un corps impur et imparfait, composé d'un Mercure impur, instable, terrestre, pulvérulent, légèrement blanc à l'extérieur, rouge à l'intérieur. Son Soufre est semblable et de plus combustible. Il manque au plomb, la pureté, la fixité, la couleur ; il n'est pas assez cuit.

Nature du cuivre : le cuivre est un métal impur et imparfait, composé d'un Mercure impur, instable, terrestre, combustible, rouge, sans éclat. De même pour son Soufre. Il manque au cuivre, la fixité, la pureté, le poids. Il contient trop de couleur impure et de parties terreuses incombustibles.

Nature du fer : le fer est un corps impur, imparfait, composé d'un Mercure impur, trop fixe, contenant des parties terreuses combustibles, blanc et rouge, mais sans éclat. Il lui manque la fusibilité, la pureté, le poids ; il contient trop de Soufre fixe impur et de parties terreuses combustibles.

Tout alchimiste doit tenir compte de ce qui précède.

CHAPITRE III

D'OU L'ON DOIT RETIRER LA MATIÈRE PROCHAINE DE L'ÉLIXIR.

Dans ce qui précède on a suffisamment déterminé la genèse des métaux parfaits et imparfaits.

Maintenant nous allons travailler à rendre pure et parfaite la matière imparfaite. Il ressort des chapitres précédents que tous les métaux sont composés de Mercure et de Soufre, que l'impureté et l'imperfection des composants se retrouve dans le composé ; comme on ne peut ajouter aux métaux que des substances tirées d'eux-mêmes, il s'ensuit qu'aucune matière étrangère ne peut nous servir, mais que tout ce qui est composé des deux principes, suffit pour perfectionner, et même transmuer les métaux.

Il est très surprenant de voir des personnes, pourtant habiles, travailler sur les animaux, lesquels constituent une matière très éloignée, alors qu'elles ont sous la main une matière suffisamment prochaine dans les minéraux. Il n'est pas impossible qu'un Philosophe ait placé l'Œuvre dans ces matières éloignées, mais c'est par allégorie qu'il l'aura fait.

Deux principes composent tous les métaux et rien ne peut s'attacher, s'unir aux métaux ou les transformer, s'il n'est lui-même composé des deux principes. C'est ainsi que le raisonnement nous force à prendre pour Matière de notre Pierre, le Mercure et le Soufre.

Le Mercure seul, le Soufre seul ne peuvent engendrer les métaux, mais par leur union, ils donnent naissance aux divers métaux et à de nombreux minéraux. Donc il est évident que notre Pierre doit naître de ces deux principes.

Notre dernier secret est très précieux et très caché : sur quelle matière minérale, prochaine entre toutes, doit-on directement opérer ? Nous sommes obligé de choisir avec soin. Supposons d'abord que nous tirions notre matière des végétaux : herbes, arbres et tout ce qui naît de la terre. Il faudra en extraire le Mercure et le Soufre par une longue cuisson, opérations que nous repoussons, puisque la nature nous offre du Mercure et du Soufre tout faits.

Si nous avions élu les animaux, il nous faudrait travailler sur le sang humain, cheveux, urine, excréments, œufs de poule, enfin tout ce que l'on peut tirer des animaux. Il nous faudrait, là encore, extraire par la cuisson, le Mercure et le Soufre. Nous récusons ces opérations pour notre première raison. Si nous avions choisi les minéraux mixtes, telles que sont les diverses espèces de magnésies, marcassites, tuties, couperoses ou vitriols, aluns, borax, sels, etc., il faudrait mêmement en extraire le Mercure et le Soufre par cuisson, ce que nous repoussons pour les mêmes raisons que ci-dessus. Si nous choisissions l'un des sept esprits comme le Mercure seul, ou le soufre seul, ou bien le Mercure et l'un des deux soufres, ou bien le soufre-vif, ou l'orpiment ou l'arsenic jaune, ou l'arsenic rouge, nous ne pourrions les perfectionner; parce que la nature ne perfectionne que le mélange déterminé des deux principes. Nous ne pouvons faire mieux que la nature, et il nous faudrait extraire de ces corps le Soufre et le

Mercure, ce que nous repoussons comme ci-dessus.

Finalement, si nous prenions les deux principes eux-mêmes, il nous faudrait les mêler selon une certaine proportion immuable, inconnue à l'esprit humain, et ensuite les cuire jusqu'à ce qu'ils soient coagulés en une masse solide.

C'est pourquoi nous écartons l'idée de prendre les deux principes séparés, c'est-à-dire le Soufre et le Mercure, parce que nous ignorons leur proportion et que nous trouverons des corps dans lesquels les deux principes sont unis dans de justes proportions, coagulés et conjoints selon les règles.

Cache bien ce secret: L'Or est un corps parfait et mâle sans superfluité ni pauvreté. S'il perfectionnait les métaux imparfaits fondus avec lui, ce serait l'élixir rouge. L'argent aussi est un corps presque parfait et femelle, et si par simple fusion, il rendait presque parfaits les métaux imparfaits, ce serait l'élixir blanc. Ce qui n'est pas et ce qui ne peut pas être, parce que ces corps sont parfaits à un seul degré. Si leur perfection était communicable aux métaux imparfaits, ces derniers ne se perfectionneraient pas et ce seraient les métaux parfaits qui seraient souillés par le contact des imparfaits. Mais s'ils étaient plus que parfaits, au double, au quadruple, au centuple, etc., ils pourraient alors perfectionner les imparfaits.

La nature opère toujours simplement, c'est pour cela que la perfection est simple en eux, indivisible et non transmissible. Ils ne pourraient entrer dans la composition de la Pierre, comme ferments, pour abréger l'œuvre ; ils se réduiraient en effet en leurs éléments, la somme de volatil dépassant la somme de fixe.

Et parce que l'or est un corps parfait composé d'un Mercure rouge, brillant, et d'un Soufre semblable, nous ne le prendrons pas comme matière de la Pierre pour l'élixir rouge ; car il est trop simplement parfait, sans perfection subtile, il est trop bien cuit et digéré naturellement et c'est à peine si nous pouvons le travailler avec notre feu artificiel ; de même pour l'argent. ·

Quand la nature perfectionne quelque chose, elle ne sait cependant pas le purifier, le parfaire intimement, parce qu'elle opère avec simplicité. Si nous choisissions l'or et l'argent, nous pourrions à grand peine trouver un feu capable d'agir sur eux. Quoique nous connaissions ce feu, nous ne pouvons cependant arriver à la purification parfaite à cause de la puissance de leurs liens et de leur harmonie naturelle ; aussi repoussons l'or pour l'élixir rouge, l'argent pour l'élixir blanc. Nous trouverons un certain corps, composé de Mercure et de Soufre suffisamment purs, sur lesquels la nature aura peu travaillé.

Nous nous flattons de perfectionner un tel corps avec notre feu artificiel et la connaissance de l'art. Nous le soumettrons à une cuisson convenable, le purifiant, le colorant et le fixant selon les règles de l'art. Il faut donc choisir une matière qui contienne un Mercure pur, clair, blanc et rouge, pas complétement parfait, mélangé également, dans les proportions voulues et selon les règles, avec un Soufre semblable à lui. Cette matière doit être coagulée en une masse solide et telle qu'à l'aide de notre science et de notre prudence, nous puissions parvenir à la purifier intimement, à la perfectionner par notre feu, et à la rendre telle qu'à la fin de l'Œuvre, elle soit des milliers de mille fois plus pure et plus parfaite que les corps ordinaires cuits par la chaleur naturelle.

Sois donc prudent; car si tu as exercé la subtilité et l'acuïté de ton esprit sur ces chapitres où je t'ai manifestement révélé la connaissance de la Matière, tu possèdes maintenant cette chose, ineffable et délectable, objet de tous les désirs des Philosophes.

CHAPITRE IV

DE LA MANIÈRE DE RÉGLER LE FEU ET DE LE MAINTENIR.

Si tu n'as pas la tête trop dure, si ton esprit n'est pas enveloppé complétement du voile de l'ignorance et de l'inintelligence, je puis croire que dans les précédents chapitres tu as trouvé la vraie Matière des Philosophes, matière de la Pierre bénite des sages, sur laquelle l'Alchimie va opérer dans le but de perfectionner les corps imparfaits à l'aide de corps plus que parfaits. La nature ne nous offrant que des corps parfaits ou imparfaits, il nous faut rendre indéfiniment parfaite par notre travail la Matière nommée ci-dessus.

Si nous ignorons la manière d'opérer, quelle en est la cause, sinon que nous n'observons pas comment la nature perfectionne chaque jour les métaux ? Ne voyons-nous pas que dans les mines, les éléments grossiers se cuisent tellement et s'épaississent si bien par la chaleur constante existant dans les montagnes, qu'avec le temps elle se transforme en Mercure ? Que la même chaleur, la même cuisson transforme les parties grasses de la terre en Soufre ? Que cette chaleur appliquée longtemps à ces deux principes, engendre selon leur pureté ou leur impureté, tous les métaux ? Ne voyons-nous pas que la nature produit et perfectionne tous les métaux par la seule cuisson ? O folie infinie, qui donc, je vous le demande, qui donc vous oblige à vouloir faire la même chose à l'aide de régimes bizarres et fantastiques ? C'est pourquoi un Philosophe a dit : « Malheur à vous qui voulez surpasser la nature et rendre les métaux plus que parfaits par un nouveau régime, fruit de votre entêtement insensé. Dieu a donné à la nature des lois immuables, c'est-à-dire, qu'elle doit agir par cuisson continue, et vous insensés, vous la méprisez ou vous ne savez pas l'imiter. » Il dit de même : « Le feu et l'azoth doivent te suffire. » Et ailleurs : « La chaleur perfectionne tout. » Et ailleurs : « Il faut cuire, cuire, recuire et ne pas s'en fatiguer. » Et en différents passages : « Que votre feu soit calme et doux ; qu'il se maintienne ainsi chaque jour, toujours uniforme, sans faiblir, sinon il s'ensuivra un grand dommage. — Sois patient et persévérant. — Broye sept fois. — Sache que tout notre magistère se fait d'une chose, la Pierre, d'une seule façon, en cuisant et dans un seul vase. — Le feu broye. — L'Œuvre est semblable à la création de l'homme. Dans l'enfance on le nourrit d'aliments légers, puis quand ses os se sont affermis, la nourriture devient plus fortifiante ; de même notre magistère est d'abord soumis à un feu léger avec lequel il faut toujours agir pendant la cuisson. Mais quoique nous parlions sans cesse de feu modéré, nous sous-entendons néanmoins que dans le régime de l'Œuvre il faut l'augmenter peu à peu et par degré jusqu'à la fin.

CHAPITRE V

DU VAISSEAU ET DU FOURNEAU.

Nous venons de déterminer la manière d'opérer, nous allons maintenant parler du vaisseau et du fourneau, dire comment et avec quoi ils doivent être faits. Lorsque la nature cuit les métaux dans les mines à l'aide du feu naturel, elle ne peut y parvenir qu'en employant un vaisseau propre à la cuisson. Nous nous proposons d'imiter la nature dans le régime du feu, imitons-la donc aussi pour le vaisseau. Examinons l'endroit où s'élaborent les métaux. Nous voyons d'abord manifestement dans une mine, que sous la montagne il y a du feu, produisant une chaleur égale, dont la nature est de monter sans cesse. En s'élevant elle dessèche et coagule l'eau épaisse et grossière, contenue dans les entrailles de la terre, et la transforme en Mercure. Les parties onctueuses minérales de la terre sont cuites, rassemblées dans les veines de la terre et coulant à travers la montagne, elles engendrent le Soufre. Comme on peut l'observer dans les filons des mines, le Soufre né des parties onctueuses de la terre rencontre le Mercure. Alors a lieu la coagulation de l'eau métallique. La chaleur continuant à agir dans la montagne, les différents métaux apparaissent après un temps très long. On observe dans les mines une température constante, nous pouvons en conclure que la montagne qui renferme des mines est parfaitement close de tous côtés par des rochers ; car, si la chaleur pouvait s'échapper, jamais les métaux ne naîtraient.

Si donc nous voulons imiter la nature, il faut absolument que nous ayons un fourneau semblable à une mine, non par sa grandeur, mais par une disposition particulière, telle que le feu placé dans le fond ne trouve par d'issue pour s'échapper quand il montera, en sorte que la chaleur soit reverbérée sur le vase, clos avec soin, qui renferme la matière de la Pierre.

Le vaisseau doit être rond, avec un petit col. Il

doit être en verre ou en une terre aussi résistante que le verre ; on en fermera hermétiquement l'orifice avec un couvercle et du bitume. Dans les mines, le feu n'est pas en contact immédiat avec la matière du Soufre et du Mercure ; celle-ci en est séparée par la terre de la montagne. De même le feu ne doit pas être appliqué à nu au vaisseau qui contient la Matière, mais il faut placer ce vaisseau dans un autre vase fermé avec autant de soin que lui, de telle sorte qu'une chaleur égale agisse sur la Matière, en haut, en bas, partout où il sera nécessaire. C'est pourquoi Aristote dit dans la Lumière des lumières, que le Mercure doit être cuit dans un triple vaisseau en verre très dur, ou, ce qui vaut mieux, en terre possédant la dureté du verre.

CHAPITRE VI

DES COULEURS ACCIDENTELLES ET ESSENTIELLES QUI APPARAISSENT PENDANT L'ŒUVRE.

Ayant élu la Matière de la Pierre, tu connais de plus la manière certaine d'opérer, tu sais à l'aide de quel régime on fait apparaître les diverses couleurs en cuisant la Pierre. Un Philosophe a dit « Autant de couleurs, autant de noms. Pour chaque couleur nouvelle apparaissant dans l'Œuvre, les Alchimistes ont inventé un nom différent. Ainsi à la première opération de notre Pierre, on a donné le nom de putréfaction, car notre Pierre est alors noire ». « Lorsque tu auras trouvé la noirceur, dit un autre Philosophe, sache que dans cette noirceur se cache la blancheur, et il faut l'en extraire. »

Après la putréfaction, la pierre rougit et on a dit là-dessus : « Souvent la pierre rougit, jaunit et se liquéfie, puis se coagule avant la véritable blancheur. Elle se dissout, se putréfie, se coagule, se mortifie, se vivifie, se noircit, se blanchit, s'orne de rouge et de blanc, tout cela par elle-même. »

Elle peut aussi verdir, car un philosophe a dit : « Cuis jusqu'à ce qu'un enfant vert apparaisse, c'est l'âme de la pierre. » Un autre a dit : « Sachez que c'est l'âme qui domine pendant la verdeur. »

Il apparaît aussi avant la blancheur les couleurs du paon, un philosophe en parle en ces termes : « Sachez que toutes les couleurs qui existent dans l'Univers ou que l'on peut imaginer, apparaissent avant la blancheur, ensuite seulement vient la vraie blancheur. Le corps sera cuit jusqu'à ce qu'il devienne brillant comme les yeux des poissons et alors la pierre se coagulera à la circonférence. »

« Lorsque tu verras la blancheur apparaître à la surface dans le vaisseau, dit un sage, sois certain que sous cette blancheur se cache le rouge; il te faut l'en extraire, cuis donc jusqu'à ce que tout soit rouge. » Il y a enfin entre le rouge et le blanc une certaine couleur cendrée, de laquelle on a dit : « Après la blancheur, tu ne peux plus te tromper, car en augmentant le feu, tu arriveras à une couleur grisâtre. » « Ne méprise pas la cendre, dit un Philosophe, car avec l'aide de Dieu, elle se liquéfiera. » Enfin apparaît le Roi couronné du diadème rouge, SI DIEU LE PERMET.

CHAPITRE VII

DE LA MANIÈRE DE FAIRE LA PROJECTION SUR LES MÉTAUX IMPARFAITS.

Comme je l'avais promis, j'ai traité jusqu'à la fin notre Grand-Œuvre, Magistère béni, préparation des élixirs blanc et rouge. Maintenant nous allons parler de la

manière de faire la projection, complément de l'Œuvre,
attendu et désiré avec impatience. L'Elixir rouge, jaunit
à l'infini et transforme en or pur tous les métaux.
L'Elixir blanc blanchit à l'infini et donne aux métaux la
blancheur parfaite. Mais il faut savoir qu'il y a des métaux plus éloignés que d'autres de la perfection et, inver-
sement il y en a qui sont plus prochains. Quoique tous les métaux soient également amenés à la perfection par l'Elixir, ceux qui sont prochains, deviennent
parfaits plus rapidement, plus complétement, plus intimement que les autres. Lorsque nous aurons trouvé le
métal le plus prochain, nous écarterons tous les autres.
J'ai déjà dit quels sont les métaux prochains et éloignés
et lequel est le plus près de la perfection. Si tu es suffisamment sage et intelligent, tu le trouveras, dans un
précédent chapitre, indiqué sans détour, déterminé avec
certitude. Il est hors de doute que celui qui a exercé
son esprit sur ce Miroir trouvera par son travail la vraie
Matière, et saura sur quel corps il convient de faire la
projection de l'Elixir pour arriver à la perfection.

Nos précurseurs qui ont tout trouvé dans cet art
par leur seule philosophie, nous montrent suffisamment
et sans allégorie, le droit chemin ,quand ils disent :
« Nature contient Nature, Nature se réjouit de Nature,

Nature domine Nature et se transforme dans les autres Natures. » Le semblable se rapproche du semblable, car la similitude est une cause d'attraction ; il y a des philosophes qui nous ont transmis là-dessus un secret remarquable. Sache que la nature se répand rapidement dans son propre corps, alors qu'on ne peut l'unir à un corps étranger. Ainsi l'âme pénètre rapidement le corps qui lui appartient, mais c'est en vain que tu voudrais la faire entrer dans un autre corps.

La similitude est assez frappante ; les corps, dans l'Œuvre, deviennent spirituels et réciproquement les esprits deviennent corporels ; le corps fixe est donc devenu spirituel. Or, comme l'Elixir, rouge ou blanc, a été amené au delà de ce que sa nature comportait, il n'est donc pas étonnant qu'il ne soit pas miscible aux métaux en fusion, quand on se contente de l'y projeter. Il serait impossible ainsi de transmuer mille parties pour une. Aussi je vais vous livrer un grand et rare secret : il faut mêler une partie d'Elixir avec mille du métal le plus prochain, enfermer le tout dans un vaisseau propre à l'opération, sceller hermétiquement et mettre au fourneau à fixer. Chauffez d'abord lentement, augmentez graduellement le feu pendant trois jours jusqu'à union parfaite. C'est l'ouvrage de trois jours.

6

Tu peux recommencer alors à projeter une partie de ce produit sur mille de métal prochain, et il y aura transmutation. Il te suffira pour cela d'un jour, d'une heure, d'un moment. Louons donc notre Dieu, toujours admirable, dans l'Éternité.

PARACELSI

THESAURUS THESAURORUM ALCHIMISTORUM

PARACELSE

LE TRÉSOR DES TRÉSORS DES ALCHIMISTES

NOTICE BIOGRAPHIQUE SUR PARACELSE

Auréole Philippe Théophraste Paracelse Bombast ab Hohenheim, naquit en 1493 à Einsiedeln, près Zurich, canton de Schwytz. Son père Guillaume, médecin instruit, lui enseigna le latin, la médecine et l'alchimie. Les œuvres d'Isaac le Hollandais, qu'il lut dans sa jeunesse, lui donnèrent un amour profond de l'alchimie. Dès lors il ne séparera jamais la médecine de l'alchimie et c'est l'union de ces deux sciences qui caractérisera l'école des paracelsistes. Son père l'envoya terminer ses études auprès de Trithème ; cet occultiste célèbre eut une grande influence sur les idées de Paracelse, car il lui enseigna la magie et l'astrologie. Trithème s'étant retiré dans un couvent, Paracelse se mit à voyager, il visita le Portugal, l'Espagne, l'Italie, la France, les Pays-Bas, la Saxe, le Tyrol, la Pologne, la Moravie, la Transylvanie, la Hongrie et la Suède. Peut-être même fut-il en Orient, comme il l'insinue lui-même. Il allait par les villes et les villages, soignant les malades, vendant des remèdes, tirant des horoscopes, évoquant les esprits ; d'autre part il interrogeait les vieilles femmes, les bateleurs, les bohémiens, les empiriques, les bourreaux, les sorciers.

L'un lui communiquait un secret, l'autre lui racontait une cure merveilleuse. Paracelse recueillait tout, jugeant, comparant, observant. C'est ainsi qu'il acquit sa science prodigieuse que les savants de son temps ne voulaient pas reconnaître, parce qu'elle ne se trouvait ni dans Galien, ni dans Hippocrate.

En Hongrie il entre au service des Fugger, banquiers, alchimistes et métallurgistes ; il put travailler à son gré dans leurs vastes laboratoires. En 1526, Œcolampade l'appelle à Bâle pour remplir la chaire de physique et de chirurgie (de chimie, dit Haller). Mais il dut bientôt quitter la ville, son enseignement violent lui ayant attiré des ennemis. Il recommence à voyager, soignant les princes et les grands, les prélats et les riches bourgeois. Il mourut en 1541 à l'hôpital de Salzbourg.

Œuvres complètes : 1° *Paracelsi opera omnia medico, chemico, chirurgica*, 3 vol. in-folio. Genevæ, 1648 : 2° *Bücher und Schriften Paracelsi*, 10 vol. in 4°. Bâle, 1589.

Traités d'alchimie : *Archidoxorum libri decem, — De præparationibus, — De natura rerum, — De tinctura Physicorum, — Cælum Philosophorum, — Thesaurus thesaurorum, — De mineralibus.*

Le présent traité, traduit pour la première fois en français, se trouve page 126 tome II de l'édition latine.

LE TRÉSOR DES TRÉSORS DES ALCHIMISTES PAR PHILIPPE THÉOPHRASTE BOMBAST, LE GRAND PARACELSE.

La nature engendre ce minéral dans le sein de la terre. Il y en a deux espèces que l'on peut trouver en diverses localités de l'Europe. Le meilleur que j'ai eu et qui a été trouvé bon après assai est extérieur dans la figure du monde supérieur, à l'Orient de la sphère solaire. Le second se trouve dans l'astre méridional et aussi dans la première fleur que le gui de la terre produit sur l'astre (1). Après la première fixation il devient rouge ; en lui sont cachées toutes les fleurs et toutes les couleurs minérales. Les Philosophes ont beaucoup écrit sur lui

1. Ce passage est incompréhensible. Pour ne pas qu'on puisse s'en prendre à nous, voici le texte : *Optimum quod mihi oblatum, ac in experimentando, genuinum inventum est extra in figura majoris mundi, est in oriente astri sphœræ solis Alterum in Astro meridionali, jam in primo flore est, quem Viscus terræ per suum Astrum protrudit.*

parce qu'il est d'une nature froide et humide voisine de celle de l'eau.

Pour tout ce qui est science et expérience, les Philosophes qui m'ont précédé ont pris pour cible le Rocher de la vérité, mais aucun de leurs traits n'a rencontré le but. Ils ont cru que le Mercure et le Soufre étaient les principes de tous les Métaux, et ils n'ont pas mentionné, même en songe, le troisième principe. Cependant si par l'art spagyrique, on sépare en plus de l'Eau, il me semble que la Vérité que je proclame est suffisamment démontrée; ni Galien, ni Avicenne ne la connaissaient. S'il me fallait décrire pour nos excellents physiciens le nom, la composition, la dissolution, la coagulation, s'il me fallait dire comment la nature agit dans les êtres depuis le commencement du monde, il me suffirait à peine d'une année pour l'expliquer et des peaux de tout un troupeau de vaches pour l'écrire.

Or, j'affirme que dans ce minéral, on trouve trois principes, qui sont : le Mercure, le Soufre et l'Eau métallique qui a servi à le nourrir; la science spagyrique peut extraire cette dernière de son propre suc quand elle n'est pas tout à fait mûre, au milieu de l'automne, de même la poire sur l'arbre. L'arbre contient la poire en puissance. Si les astres et la nature concordent, l'arbre

émet d'abord des branches vers le mois de mars, puis les
boutons poussent, ils s'ouvrent, la fleur apparaît, et ainsi
de suite jusqu'en automne où la poire mûrit. C'est la
même chose pour les métaux. Ils naissent d'une façon
semblable dans le sein de la terre. Que les Alchimistes
qui cherchent le Trésor des trésors notent ceci soigneusement. Je leur indiquerai le chemin, le commencement,
le milieu et la fin ; dans ce qui suit je vais décrire l'eau,
le soufre et le baume particulier du trésor. Par la résolution et la conjonction ces trois choses s'uniront en une.

DU SOUFRE DU CINABRE.

Prends du cinabre minéral et opère ainsi. Cuis-le
avec de l'eau de pluie dans un vase de pierre pendant
trois heures ; purifie-le ensuite avec soin et dissous
dans une eau régale composée de parties égales de
vitriol, de nitre et de sel ammoniac (autre formule,
vitriol, salpêtre, alun et sel ordinaire).

Distille dans un alambic en cohobant. Tu sépareras
ainsi soigneusement le pur de l'impur. Mets ensuite fermenter pendant un mois dans le fumier de cheval. Ensuite sépare les éléments selon ce qui suit : quand le
signe apparaîtra, commence par distiller dans l'alambic

avec le feu du premier degré. L'eau et l'air monteront, le feu et la terre resteront dans le fond. Cohobe et mets l'alambic au feu de cendres. L'eau et l'air monteront d'abord, puis l'élément du feu, que les artistes habiles reconnaîtront facilement. La Terre restera dans le fond de l'alambic, tu la recueilleras; beaucoup l'ont cherchée et peu l'ont trouvée. Tu prépareras selon l'Art cette terre morte dans un fourneau à reverbère, puis tu lui appliqueras le feu du premier degré pendant quinze jours et quinze nuits. Ceci fait tu lui appliqueras le second degré pendant autant de jours et autant de nuits (ta matière aura été enfermée dans un vase scellé hermétiquement). Tu trouveras enfin un sel volatil semblable à un alcali très léger, contenant en soi l'essence du feu et de la terre.

Mélange ce sel avec les deux éléments que tu as mis de côté, l'air et l'eau. Chauffe sur les cendres pendant huit jours et huit nuits, et tu trouveras ce que beaucoup d'artistes ont négligé. Sépare selon les règles de l'art spagyrique et tu recueilleras une terre blanche privée de sa teinture. Prends l'élément du feu et le sel de la terre, fais digérer au pélican pour extraire l'essence. Il se séparera de nouveau une terre que tu mettras de côté.

DU LION ROUGE.

Ensuite prends le lion qui a passé le premier dans le récipient dès que tu aperçois sa teinture, c'est-à-dire le feu qui se tient au dessus de l'eau, de l'air et de la terre. Sépare-le de ses impuretés par trituration. Tu auras alors le véritable or potable. Arrose-le d'alcool de vin pour le laver ; puis distille dans un alambic jusqu'à ce que tu ne perçoives plus au goût l'acidité de l'eau régale.

Enferme ensuite avec soin cette huile de soleil dans une retorte fermée hermétiquement. Chauffe pour l'élever, de telle sorte qu'elle se sublime et se dédouble. Place alors le vaisseau toujours bien fermé dans un endroit frais. Chauffe de nouveau pour élever, replace au frais pour condenser. Répète cette manœuvre trois fois. Tu auras ainsi la teinture parfaite du soleil. Réserve-la pour plus tard.

DU LION VERT.

Prends du vitriol de Vénus, préparé selon les règles de l'art spagyrique ; ajoutes-y les éléments de l'eau et de l'air que tu avais mis de côté. Mélange, fais putréfier pendant un mois comme il a été dit.

La putréfaction finie, tu remarqueras le signe des éléments. Sépare et tu verras bientôt deux couleurs, le blanc et le rouge. Le rouge est au-dessus du blanc. La teinture rouge du vitriol est tellement puissante qu'elle teint en rouge tous les corps blancs, et en blanc tous les corps rouges, ce qui est merveilleux. Travaille sur cette teinture dans une cornue et tu en verras sortir la noirceur. Remets dans la cornue ce qui a distillé, et recommence jusqu'à ce que tu obtiennes un liquide blanc. Sois patient et ne désespère pas de l'Œuvre.

Rectifie jusqu'à ce que tu trouves le lion vert, brillant et véritable, que tu reconnaîtras à son grand poids. C'est la teinture de l'Or. Tu contempleras les signes admirables de notre lion vert, qu'aucun des trésors du lion romain ne pourraient payer. Gloire à celui qui a su le trouver et en tirer la teinture ! C'est le vrai baume naturel des planètes célestes, il empêche la putréfaction des corps, et ne permet pas à la lèpre, à la goutte, à l'hydropisie de s'implanter dans le corps humain. Lorsqu'il a été fermenté avec le soufre de l'or, on le prescrit à la dose d'un grain.

Ah ! Charles l'allemand, qu'as-tu fait de tes trésors

de science? Où sont tes physiciens? Où sont tes doc-
teurs? Où sont ces bandits qui purgent et médicamen-
tent impunément? Ton firmament est bouleversé; tes
astres, hors de leurs orbites, se promènent bien loin de
la voie marécageuse qui leur avait été tracée; aussi tes
yeux ont-ils été frappés de cécité, comme par un charbon incandescent, quand tu as contemplé notre splen-
deur et notre fierté superbe. Si tes adeptes savaient que
leur prince Galien (qui est en enfer) m'a écrit des let-
tres pour reconnaître que j'ai raison, ils feraient le signe
de la croix avec une queue de renard! Et votre Avicenne! il est assis sur le seuil des enfers; j'ai discuté
avec lui de son or potable, de la teinture physique,
du mithridate et de la thériaque. O hypocrites, qui
méprisez les vérités que vous enseigne un vrai médecin, instruit par la nature, fils de Dieu lui-même!
Allez toujours, imposteurs, qui ne prévalez qu'à l'aide de
hautes protections. Mais patience! après ma mort, mes
disciples se lèveront contre vous, ils vous traîneront à la
face des cieux, vous et vos sales drogues, qui vous ser-
vent à empoisonner les princes et les grands de la chré-
tienté.

Malheur sur vos têtes au jour du jugement! Moi au
contraire, je sais que mon règne viendra. Je régnerai

dans l'honneur et la gloire. Ce n'est pas moi qui me loue, c'est la Nature, car elle est ma mère et je lui obéis encore. Elle me connaît et je la connais. La lumière qui est en elle, je l'ai contemplée, je l'ai démontrée dans le Microcosme et je l'ai retrouvée dans l'Univers.

Mais il me faut revenir à mon sujet pour satisfaire les désirs de mes disciples, que je favorise volontiers, quand ils sont pourvus des lumières naturelles, quand ils connaissent l'astrologie et surtout quand ils sont habiles dans la philosophie, qui nous apprend à connaître la matière de tout.

Prends quatre parties en poids de l'Eau métallique que j'ai décrite, deux parties de la Terre de Soleil rouge, une partie de Soufre du Soleil. Mets le tout dans un pélican, solidifie et désagrége trois fois. Tu auras ainsi la Teinture des alchimistes. Nous ne parlerons pas ici de ses propriétés puisqu'elles sont indiquées dans le livre des Transmutations. Avec une once de Teinture du Soleil, tu pourras teindre mille onces de Soleil ; si tu possèdes la teinture du Mercure, tu pourras de même teindre complétement le corps du mercure vulgaire. De même la teinture de Vénus transmuera complétement en métal parfait le corps de Vénus. Toutes ces choses ont été confirmées par l'expérience. Il faut entendre la même chose pour les teintures des autres planètes : Saturne, Jupiter, Mars, la Lune. Car de ces métaux on tire aussi des teintures ; nous n'en dirons rien ici, en ayant amplement parlé dans le traité de la Nature des choses et dans les Archidoxes.

J'ai suffisamment décrit pour les spagyristes, la matière première des métaux et des minéraux, maintenant ils connaissent la teinture des alchimistes. Il ne faut pas moins de neuf mois pour préparer cette teinture ; travaille donc avec ardeur, sans te décourager ; pendant quarante jours alchimiques, fixe, extrais, sublime, putréfie, coagule en pierre, et tu obtiendras enfin le Phénix des philosophes.

Mais ne vas pas oublier que le soufre du cinabre est un Aigle, qui vole sans faire de vent, et qu'il transporte le corps du vieux Phénix dans un nid où il se nourrit de l'élément du feu. Ses petits lui arrachent les yeux, ce qui produit la blancheur. C'est là le baume de ses intestins qui donne la vie au cœur, selon ce qu'ont enseigné les cabalistes.

.ALBERTI MAGNI
CCMPOSITUM DE COMPOSITIS

ALBERT LE GRAND
LE COMPOSÉ DES COMPOSÉS

NOTICE BIOGRAPHIQUE SUR ALBERT LE GRAND

Albert le Grand, de l'antique famille des comtes de Bollstadt, naquit à Lavingen sur le Danube en Souabe (1193). Dans son enfance, il était fort peu intelligent, mais à la suite d'une vision son esprit se développa tout à coup, et il fit dès lors des progrès rapides dans toutes les branches de la science. Vers 1222, il entra dans l'Ordre de Saint-Dominique. Il enseigna dans les écoles de l'Ordre la théologie et la philosophie.

C'est à Cologne qu'il distingua parmi ses élèves saint Thomas d'Aquin, ils se lièrent d'une amitié étroite et vinrent ensemble à Paris. La parole d'Albert le Grand attirait une telle foule d'auditeurs qu'il fut obligé d'enseigner sur les places publiques ; l'une d'elles a conservé son nom, c'est la place Maubert ou de maître Albert. En 1248, il revint à Cologne. Pendant dix ans, il mena dans cette ville une existence paisible favorable à l'étude ; provincial de son ordre, jouissant d'une autorité incontestée auprès de ses contemporains, aidé par ses moines dans tous les travaux qu'il entreprenait; n'ayant pas

à s'inquiéter des questions d'argent, combien son existence fut différente de celle de Roger Bacon !

En 1259, Albert le Grand fut nommé évêque de Ra-
tisbonne ; mais il ne tarda pas à renoncer aux soucis de
l'épiscopat, et s'étant démis de sa charge il rentra dans
le cloître. Il mourut à Cologne en 1280 âgé de 87
ans.

Œuvres complètes : *Beati Alberti, Ratisbonensis epis-
copi opera omnia*, 21 vol. in-folio. Lugduni, 1651.

Traités alchimiques : *Libellus de Alchimia*, — *Concor-
dantia philosophorum de lapide philosophico*, — *De rebus
metallicis*, — *Compositum de compositis*, — *Breve com-
pendium de ortu metallorum*.

Le présent traité, traduit pour la première fois en
français, se trouve au tome IV du *Theatrum chimicum*,
page 825. Hœffer cite dans son *Histoire de la chimie*
plusieurs passages de ce traité. Deux de ces passages
ne se trouvent pas dans le : *Compositum de compositis*,
mais dans le : *Libellus de Alchimia* (*Theat. chimic.*,
tome II).

Avec le traité *De Alchimia*, c'est le plus important
des opuscules alchimiques d'Albert le Grand.

LE COMPOSÉ DES COMPOSÉS D'ALBERT LE GRAND

Je ne cacherai pas une science qui m'a été révélée par la grâce de Dieu, je ne la garderai pas jalousement pour moi seul, de peur d'attirer sa malédiction. Une science tenue secrète, un trésor caché, quelle est leur utilité ? La science que j'ai apprise sans fictions, je vous la transmets sans regrets. L'envie ébranle tout, un homme envieux ne peut être juste devant Dieu. Toute science, toute sagesse vient de Dieu ; c'est une simple façon de parler que de dire qu'elle vient de l'Esprit-Saint. Nul ne peut dire : Notre-Seigneur Jésus-Christ sans sous-entendre : fils de Dieu le Père, par l'opération du Saint-Esprit. De même cette science de vérité ne peut être séparée de Celui qui me l'a communiquée.

Je n'ai pas été envoyé vers tous, mais seulement vers ceux qui admirent le Seigneur dans ses œuvres et que Dieu a jugé dignes. Que celui qui a des oreilles pour entendre cette communication divine recueille les secrets qui m'ont été transmis par la grâce de Dieu et qu'il ne les révèle jamais à ceux qui en sont indignes.

La nature doit servir de base et de modèle à la
science, aussi l'Art travaille d'après la Nature autant
qu'il peut. Il faut donc que l'Artiste observe la Nature
et opère comme elle opère.

———

CHAPITRE I

DE LA FORMATON DES MÉTAUX EN GÉNÉRAL PAR LE SOUFRE ET LE MERCURE.

On a observé que la nature des métaux, telle que nous
la connaissons est d'être engendrée d'une manière géné-
rale par le Soufre et le Mercure. La différence seule de
cuisson et de digestion produit la variété dans l'espèce
métallique. J'ai observé moi-même que dans un seul et
même vaisseau, c'est-à-dire dans un même filon, la nature avait produit plusieurs métaux et de l'argent, dissé-
minés ça et là. Nous avons en effet démontré clairement
dans notre Traité des minéraux que la génération des métaux est circulaire, on passe facilement de l'un à l'autre
suivant un cercle, les métaux voisins ont des propriétés
semblables ; c'est pour cela que l'argent se change plus
facilement en or que tout autre métal.

Il n'y a plus en effet à changer dans l'argent que la couleur et le poids, ce qui est facile. Car une substance déjà compacte augmente plus facilement de poids. Et comme il contient un soufre blanc jaunâtre, sa couleur sera aussi aisée à transformer.

Il en est de même des autres métaux. Le Soufre est pour ainsi dire leur père et le Mercure leur mère.

C'est encore plus vrai, si l'on dit que dans la conjonction le Soufre représente le sperme du père et que le Mercure figure un menstrue coagulé pour former la substance de l'embryon. Le Soufre seul ne peut engendrer, ainsi le père seul.

De même que le mâle engendre de sa propre substance mêlée au sang menstruel, de même le Soufre engendre avec le Mercure, mais seul il ne produit rien. Par cette comparaison nous voulons faire entendre que l'Alchimiste devra enlever d'abord au métal la spécificité que lui a donnée la Nature, puis qu'il procède comme la nature a procédé, avec le Mercure et le Soufre préparés et purifiés toujours en suivant l'exemple de la nature.

DU SOUFRE.

Le Soufre contient trois principes humides.

Le premier de ces principes est surtout aérien et igné, on le trouve dans les parties extérieures du Soufre, à cause même de la grande volatilité de ses éléments, qui s'envolent facilement et consument les corps avec lesquels ils viennent en contact.

Le second principe est flegmatique, autrement dit aqueux, il se trouve immédiatement placé sous le précédent. Le troisième est radical, fixe, adhérent aux parties internes. Celui-là seul est général, et on ne peut le séparer des autres sans détruire tout l'édifice. Le premier principe ne résiste pas au feu ; étant combustible, il se consume dans le feu et calcine la substance du métal avec lequel on le chauffe. Aussi est-il non seulement inutile, mais encore nuisible au but que nous nous proposons. Le second principe ne fait que mouiller les corps, il n'engendre pas, il ne peut non plus nous servir. Le troisième est radical, il pénètre toutes les particules de la matière qui lui doit ses propriétés essentielles. Il faut débarrasser le Soufre des deux premiers principes pour que la subtilité du troisième puisse nous servir à faire un composé parfait.

Le feu n'est autre chose que la vapeur du Soufre ; la vapeur du Soufre bien purifié et sublimé blanchit et rend plus compact. Aussi les alchimistes habiles ont-ils coutume d'enlever au Soufre ses deux principes superflus par des lavages acides, tels que le vinaigre des citrons, le lait aigri, le lait de chèvres, l'urine des enfants. Ils le purifient par lixivation, digestion, sublimation. Il faut finalement le rectifier par résolution de façon à n'avoir plus qu'une substance pure contenant la force active, perfectible et prochaine du métal. Nous voilà en possession d'une partie de notre Œuvre.

DE LA NATURE DU MERCURE.

Le Mercure renferme deux substances superflues, la terre et l'eau. La substance terreuse a quelque chose du Soufre, le feu la rougit. La substance aqueuse a une humidité superflue.

On débarrasse facilement le mercure de ses impuretés aqueuses et terreuses par des sublimations et des lavages très acides. La nature le sépare à l'état sec du Soufre et le dépouille de sa terre par la chaleur du soleil et des étoiles.

Elle obtient ainsi un Mercure pur, complétement

débarrassé de sa substance terreuse, ne contenant plus
de parties étrangères. Elle l'unit alors à un Soufre pur
et produit enfin dans le sein de la terre des métaux purs
et parfaits. Si les deux principes sont impurs les métaux
sont imparfaits. C'est pourquoi dans les mines on
trouve des métaux différents, ce qui tient à la purification et à la digestion variable de leurs Principes. Ce'a
dépend de la cuisson.

DE L'ARSENIC.

L'Arsenic est de même nature que le Soufre, tous
deux teignent en rouge et en blanc. Mais il y a plus
d'humidité dans l'arsenic, et sur le feu il se sublime
moins rapidement que le Soufre.

On sait combien le soufre se sublime vite et comment
il consume tous les corps, excepté l'or. L'Arsenic peut
unir son principe sec à celui du soufre, ils se tempèrent
l'un l'autre, et une fois unis on les sépare difficilement ;
leur teinture est adoucie par cette union.

« L'Arsenic, dit Geber, contient beaucoup de mercure, aussi peut-il être préparé comme lui. » Sachez
que l'esprit, caché dans le soufre, l'arsenic et l'huile
animale, est appelé par les philosophes Elixir blanc. Il

est unique, miscible à la substance ignée, de laquelle
nous tirons l'Élixir rouge ; il s'unit aux métaux fondus,
ainsi que nous l'avons expérimenté, il les purifie, non
seulement à cause des propriétés précitées, mais encore
parce qu'il y a une proportion commune entre ses éléments.

Les métaux diffèrent entre eux selon la pureté ou
l'impureté de la matière première, c'est-à-dire du Soufre
et du Mercure, et aussi selon le degré du feu qui les a
engendrés.

Selon le philosophe, l'élixir s'appelle encore Médecine,
parce qu'on assimile le corps des métaux au corps des
animaux. Aussi disons-nous qu'il y a un esprit caché
dans le Soufre, l'arsenic et l'huile extraite des substances animales. C'est là l'esprit que nous cherchons, à
l'aide duquel nous teindrons tous les corps imparfaits en
parfaits. Cet esprit est appelé Eau et Mercure par les
Philosophes. « Le Mercure, dit Geber, est une médecine composée de sec et d'humide, d'humide et de sec. »
Tu comprends la succession des opérations : extrais la
terre du feu, l'air de la terre, l'eau de l'air, puisque l'eau
peut résister au feu. Il faut noter ces enseignements, ce
sont des arcanes universels.

Aucun des principes qui entrent dans l'Œuvre n'a de

puissance par lui-même; car ils sont enchaînés dans les métaux, ils ne peuvent perfectionner, ils ne sont plus fixes. Il leur manque deux substances, une miscible aux métaux en fusion, l'autre fixe qui puisse coaguler et fixer. Aussi Rhasès a dit: « Il y a quatre substances qui changent dans le temps; chacune d'elles est composée des quatre éléments et prend le nom de l'élément dominant. Leur essence merveilleuse s'est fixée dans un corps et avec ce dernier on peut nourrir les autres corps. Cette essence est composée d'eau et d'air, combinés de telle sorte que la chaleur les liquéfie. C'est là un secret merveilleux. Les minéraux employés en Alchimie doivent pour nous servir avoir une action sur les corps fondus. Les pierres, que nous utilisons, sont au nombre de quatre, deux teignent en blanc, les deux autres en rouge. Aussi le blanc, le rouge, le Soufre, l'Arsenic, Saturne n'ont qu'un même corps. Mais en ce seul corps, que de choses obscures ! Et d'abord il est sans action sur les métaux parfaits. »

Dans les corps imparfaits, il y a une eau acide, amère, aigre, nécessaire à notre art. Car elle dissout et mortifie les corps, puis les revivifie et les recompose. Rhasès dit dans sa troisième lettre : « Ceux qui cherchent notre Entéléchie, demandent d'où provient l'amertume aqueuse élémentaire. Nous leur répondrons : de l'impureté des métaux. Car l'eau contenue dans l'or et l'argent est douce, elle ne dissout pas, au contraire elle coagule et fortifie, parce qu'elle ne contient ni acidité ni impureté comme les corps imparfaits. » C'est pourquoi Geber a dit : « On calcine et on dissout l'or et l'argent sans uti-lité, car notre Vinaigre se tire de quatre corps impar-faits ; c'est cet esprit mortifiant et dissolvant qui mélange les teintures de tous les corps que nous employons dans l'œuvre. Nous n'avons besoin que de cette eau, peu nous importe les autres esprits. »

Geber a raison ; nous n'avons que faire d'une teinture que le feu altère, bien au contraire, il faut que le feu lui donne l'excellence et la force pour qu'elle puisse s'allier aux métaux fondus. Il faut qu'elle fortifie, qu'elle fixe, que malgré la fusion elle reste intimement unie au mé-tal.

J'ajouterai que des quatre corps imparfaits on peut tout tirer. Quant à la manière de préparer le Soufre, l'arsenic et le Mercure, indiquée plus haut, on peut la reporter ici.

En effet, lorsque dans cette préparation nous chauf-fons l'esprit du soufre et de l'arsenic avec des eaux aci-des ou de l'huile, pour en extraire l'essence ignée, l'huile,

l'onctuosité, nous leur enlevons ce qu'il y a de superflu
en eux ; il nous reste la force ignée et l'huile, les seules choses qui nous soient utiles ; mais elles sont mêlées
à l'eau acide qui nous servait à purifier, il n'y a pas
moyen de les en séparer ; mais du moins nous sommes
débarrassés de l'inutile. Il faut donc trouver un autre
moyen d'extraire de ces corps, l'eau, l'huile et l'esprit
très subtil du soufre qui est la vraie teinture très active
que nous cherchons à obtenir. Nous travaillerons donc
ces corps en séparant par décomposition ou encore par
distillation leurs parties composantes naturelles, et nous
arriverons ainsi aux parties simples. Quelques-uns, igno-
rant la composition du Magistère, veulent travailler sur
le seul Mercure, prétendant qu'il a un corps, une âme,
un esprit, et qu'il est la matière première de l'or et de
l'argent. Il faut leur répondre qu'à la vérité quelques
philosophes affirment que l'Œuvre se fait de trois choses,
l'esprit, le corps et l'âme, tirées d'une seule. Mais d'autre part on ne peut trouver en une chose ce qui n'y est
pas. Or, le Mercure n'a pas la teinture rouge, donc il ne
peut, seul, suffire à former le corps du Soleil ; il nous
serait impossible avec le seul Mercure de mener l'Œuvre à bonne fin. La Lune seule ne peut suffire, cependant ce corps est pour ainsi dire la base de l'œuvre.

De quelque manière qu'on travaille et transforme le Mercure, jamais il ne pourra constituer le corps. Ils disent aussi : « On trouve dans le Mercure un soufre rouge, donc il renferme la teinture rouge. » Erreur ! le Soufre est le père des métaux, on n'en trouve jamais dans le mercure qui est femelle.

Une matière passive ne peut se féconder elle-même. Le Mercure contient bien un Soufre, mais, comme nous l'avons déjà dit c'est un soufre terrestre. Remarquons enfin que le Soufre ne peut supporter la fusion ; donc l'Élixir ne peut se tirer d'une seule chose.

CHAPITRE II

DE LA PUTRÉFACTION.

Le feu engendre la mort et la vie. Un feu léger dessèche le corps. En voici la raison : le feu arrivant au contact d'un corps, met en mouvement l'élément semblable à lui qui existe dans ce corps.

Cet élément c'est la chaleur naturelle. Celle-ci excite le feu extrait en premier lieu du corps ; il y a conjonction

et l'humidité radicale du corps monte à sa surface tant
que le feu agit au dehors. Dès que l'humidité radicale
qui unissait les diverses portions du corps est partie,
le corps meurt, se dissout, se résout ; toutes ses parties
se séparent les unes des autres. Le feu agit ici comme
un instrument tranchant. Quoiqu'il dessèche et rétrécisse
par lui-même, il ne le peut qu'autant qu'il y a dans le
corps une certaine prédisposition, surtout si le corps est
compact comme l'est un élément. Ce dernier manque
d'une mixte agglutinant, qui se séparerait du corps après
la corruption. Tout cela peut se faire par le Soleil, parce
qu'il est d'une nature chaude et humide par rapport aux
autres corps.

CHAPITRE III

DU RÉGIME DE LA PIERRE.

Il y a quatre régimes de la Pierre : 1º Décomposer ;
2º laver ; 3º réduire ; 4º fixer. Dans le premier régime
on sépare les natures, car sans division, sans purification, il ne peut y avoir conjonction. Pendant le second

régime, les éléments séparés sont lavés, purifiés, et ramenés à l'état simple. Au troisième on change notre Soufre
en minière du Soleil, de la Lune et des autres métaux. Au
quatrième tous les corps précédemment extraits de notre
Pierre, sont unis, recomposés et fixés pour rester désor-
mais conjoints.

Il y en a qui comptent cinq degrés dans le Magistère :
1° résoudre les substances en leur matière première ;
2° amener notre terre, c'est à dire la magnésie noire
à être prochaine de la nature du Soufre et du Mercure ;
3° rendre le Soufre aussi prochain que possible de la
matière minérale du Soleil et de la Lune ; 4° composer
de plusieurs choses un Elixir blanc ; 5° brûler parfaitement l'élixir blanc, lui donner la couleur du cinabre, et
partir de là, pour faire l'Elixir rouge.

Enfin il y en a qui comptent quatre degrés dans
l'Œuvre, d'autres trois, d'autres deux seulement. Ces
derniers comptent ainsi : 1° mise en œuvre et purification des éléments ; 2° conjonction.

Remarque bien ce qui suit : la matière de la Pierre des
Philosophes, est à bas prix ; on la trouve partout, c'est
une eau visqueuse comme le mercure que l'on extrait de
la terre. Notre eau visqueuse se trouve partout, jusque
dans les Latrines, ont dit certains philosophes, et quel-

ques imbéciles prenant leurs paroles à la lettre, l'ont
cherchée dans les excréments.

La nature opère sur cette matière en lui enlevant
quelque chose, son principe terreux, et en lui adjoignant
quelque chose, le Soufre des Philosophes, qui n'est pas
le soufre du vulgaire, mais un Soufre invisible, teinture
du rouge. Pour dire la vérité, c'est l'esprit du vitriol
romain. Prépare-le ainsi: Prends du salpêtre et du vitriol romain, 2 livres de chaque ; broye subtilement.
Aristote a donc raison quand il dit en son quatrième
livre des météores. « Tous les Alchimistes savent que
l'on ne peut en aucune façon changer la forme des métaux, si on ne les réduit auparavant en leur matière première. » Ce qui est facile comme on le verra bientôt.
Le Philosophe dit qu'on ne peut pas aller d'une extrémité à l'autre sans passer par le milieu. A une extrémité
de notre pierre philosophale sont deux luminaires, l'or et
l'argent, à l'autre extrémité l'élixir parfait ou teinture.
Au milieu l'eau-de-vie philosophique, naturellement purifiée, cuite et digérée. Toutes ces choses sont proches
de la perfection et préférables aux corps de nature
plus éloignée. De même qu'au moyen de la chaleur, la
glace se résout en eau, pour avoir été jadis eau, de même les métaux se résolvent en leur première matière qui

est notre Eau-de-vie. La préparation est indiquée dans les chapitres suivants. Elle seule peut réduire tous les corps métalliques en leur matière première.

CHAPITRE IV

DE LA SUBLIMATION DU MERCURE.

Au nom du Seigneur, procure-toi une livre de mercure pur provenant de la mine. D'autre part, prends du vitriol romain et du sel commun calciné, broye et mélange intimement. Mets ces deux dernières matières dans un large vase de terre vernissé sur un feu doux, jusqu'à ce que la matière commence à fondre et à couler. Alors prends ton mercure minéral, mets-le dans un vase à long col et verse goutte à goutte sur le vitriol et le sel en fusion. Remue avec une spatule de bois, jusqu'à ce que le mercure soit tout entier dévoré et qu'il n'en reste plus trace. Quand il aura complétement disparu, dessèche la matière à feu doux pendant la nuit. Le lendemain matin, tu prendras la matière bien desséchée, tu la broyeras finement sur une pierre. Tu mettras

la matière pulvérisée dans le vase sublimatoire nommé
aludel pour la sublimer selon l'art. Tu mettras le chapiteau et tu enduiras les jointures de lut philosophique, afin que le mercure ne puisse s'échapper. Tu
placeras l'aludel sur son fourneau et tu l'y luteras
de façon qu'il ne puisse s'incliner et qu'il se tienne
bien droit ; alors tu feras un petit feu pendant
quatre heures pour chasser l'humidité du mercure et du
vitriol ; après l'évaporation de l'humidité, augmente le
feu pour que la matière blanche et pure du mercure se
sépare de ses impuretés, cela pendant quatre heures ; tu
verras si cela sufît en introduisant une baguette de bois
dans le vase sublimatoire par l'ouverture, supérieure, tu
descendras jusqu'à la matière et tu sentiras si la matière
blanche du mercure est superposée au mélange. Si cela
est, enlève le bâton, ferme l'ouverture du chapiteau avec
un lut pour que le mercure ne puisse s'échapper et augmente le feu de telle sorte que la matière blanche du
mercure s'élève au-dessus des fèces, jusque dans l'aludel, cela pendant quatre heures. Chauffe enfin avec du
bois de manière à obtenir des flammes, il faut que le
fond du vase et le résidu deviennent rouges ; continue
ainsi tant qu'il restera un peu de substance blanche du
mercure adhérente aux fèces. La force et la violence du

feu finiront par l'en séparer. Cesse alors le feu, laisse refroidir le fourneau et la matière pendant la nuit. Le lendemain matin retire le vase du fourneau, enlève les luts avec précaution pour ne pas salir le Mercure, ouvre l'appareil ; si tu trouves une matière blanche, sublimée, pure, compacte, pesante, tu as réussi. Mais si ton sublimé était spongieux, léger, poreux, ramasse-le, recommence la sublimation sur le résidu en ajoutant de nouveau du sel commun pulvérisé ; opère dans le même vase sur son fourneau, de la même manière, avec le même degré de feu que plus haut. Ouvre alors le vase, vois si le sublimé est blanc, compact, dense, recueille-le et mets-le soigneusement de côté pour t'en servir quand tu en auras besoin pour terminer l'Œuvre. Mais s'il ne se présentait pas encore tel qu'il doit être, il te faudrait le sublimer une troisième fois jusqu'à ce que tu l'obtiennes pur, compact, blanc, pesant.

Remarque que par cette opération tu as enlevé au Mercure deux impuretés. D'abord tu lui as ôté toute son humidité superflue ; en second lieu tu l'as débarrassé de ses parties terreuses impures qui sont restées dans les fèces ; tu l'as ainsi sublimé en une substance claire, demi-fixe.

Mets-le de côté comme on te l'a recommandé.

CHAPITRE V

DE LA PRÉPARATION DES EAUX D'OU TU TIRERAS L'EAU-DE-VIE.

Prends deux livres de vitriol romain, deux livres de
sa'pêtre, une livre d'alun calciné. Écrase bien, mélange
parfaitement, mets dans un alambic en verre, distille
l'eau selon les règles ordinaires, en fermant bien les
jointures, de peur que les esprits ne s'échappent. Commence par un feu doux, puis chauffe plus fortement ;
chauffe ensuite avec du bois jusqu'à ce que l'appareil
devienne blanc, de telle sorte que tous les esprits distil-
lent. Alors cesse le feu, laisse le fourneau refroidir ;
mets soigneusement cette eau de côté, car c'est le dissolvant de la Lune ; conserve-la pour l'Œuvre, elle dissout l'argent et le sépare de l'or. Elle calcine le Mercure et le crocus de Mars ; elle communique à la peau
de l'homme une coloration brune qui s'en va difficilement. C'est l'eau prime des philosophes, elle est parfaite au premier degré. Tu prépareras trois livres de
cette eau.

Eau seconde préparée par le sel ammoniac.

Au nom du Seigneur, prends une livre d'eau prime et y dissous quatre lots de sel ammoniac pur et incolore ; la dissolution faite, l'eau a changé de couleur, elle a acquis d'autres propriétés. L'eau prime était verdâtre, elle dissolvait la Lune, était sans action sur le Soleil ; mais dès qu'on lui ajoute du sel ammoniac, elle prend une couleur jaune, elle dissout l'or, le mercure, le Soufre sublimé et communique une forte coloration jaune à la peau de l'homme. Conserve précieusement cette eau, car elle nous servira dans la suite.

Eau tierce préparée au moyen du Mercure sublimé.

Prends une livre d'eau seconde et onze lots de Mercure sublimé (par le vitriol romain et le sel) bien préparé et bien pur. Tu verseras peu à peu le Mercure dans l'eau seconde. Puis tu scelleras l'orifice de la fiole, de peur que l'esprit du Mercure ne s'échappe. Tu placeras la fiole sur des cendres tièdes, l'eau commencera aussitôt à agir sur le Mercure, le dissolvant et se l'incorporant. Tu laisseras la fiole sur les cendres chaudes, il ne devra pas rester un excès d'eau et il faudra que le Mer-

cure sublimé se dissolve entièrement. L'eau agit par imbibition sur le Mercure jusqu'à ce qu'elle l'ait dissous.

Si l'eau n'a pu dissoudre tout le mercure, tu prendras
ce qui reste au fond de la fiole, tu le dessècheras à feu
lent, tu pulvériseras et tu le dissoudras dans une nouvelle quantité d'eau seconde. Tu recommenceras cette
opération jusqu'à ce que tout le mercure sublimé se soit
dissous dans l'eau. Tu réuniras en une seule toutes ces
solutions, dans un vase de verre, bien propre, dont tu
fermeras parfaitement l'orifice avec de la cire. Mets
soigneusement de côté. Car c'est là notre eau tierce,
philosophique, épaisse, parfaite au troisième degré.
C'est la mère de l'Eau-de-vie qui réduit tous les corps
en leur matière première.

Eau quarte qui réduit les corps calcinés en leur matière première.

Prends de l'eau tierce mercurique, parfaite au troisième degré, limpide, et mets-la putréfier dans le ventre
du cheval en une fiole à long col, propre, bien fermée,
pendant quatorze jours.

Laisse fermenter, les impuretés tombent au fond et
l'eau passe du jaune au roux. A ce moment tu retireras
la fiole et tu la mettras sur des cendres à un feu très

doux, adaptes-y un chapiteau d'alambic avec son récipient. Commence la distillation lentement. Ce qui
passe goutte à goutte est notre eau-de-vie très limpide,
pure, pesante, Lait virginal, Vinaigre très aigre. Continue le feu doucement jusqu'à ce que toute l'eau-de-vie
ait distillé tranquillement ; cesse alors le feu, laisse le
fourneau se refroidir et conserve avec soin ton eau distillée. C'est là notre Eau-de-vie, Vinaigre des philosophes, Lait virginal qui réduit les corps en leur matière
première. On lui a donné une infinité de noms.

Voici les propriétés de cette eau : une goutte dépo-
sée sur une lame de cuivre chaude la pénètre aussitôt
et y laisse une tache blanche. Jetée sur des charbons,
elle émet de la fumée ; à l'air elle se congèle et ressem-
ble à de la glace. Quand on distille cette eau, les gouttes
ne passent pas en suivant toutes le même chemin, mais
les unes passent ici, les autres là. Elle n'agit pas sur les
métaux comme l'eau forte, corrosive, qui les dissout,
mais elle réduit en Mercure tous les corps qu'elle baigne,
ainsi que tu le verras plus loin.

Après la putréfaction, la distillation, la clarification,
elle est pure et plus parfaite, débarrassée de tout principe sulfureux igné et corrosif. Ce n'est pas une eau
qui ronge, elle ne dissout pas les corps, elle les réduit

en Mercure. Elle doit cette propriété au Mercure primitivement dissous et putréfié au troisième degré de la perfection. Elle ne contient plus ni fèces ni impuretés terreuses. La dernière distillation les a séparées, les impuretés noires sont restées au fond de l'alambic. La couleur de cette eau est bleue, limpide, rousse ; mets-la de côté. Car elle réduit tous les corps calcinés et pourris en leur matière première radicale ou mercurielle.

Lorsque tu voudras avec cette eau réduire les corps calcinés prépare ainsi les corps.

Prends un marc du corps que tu voudras, Soleil ou Lune ; lime-le doucement. Pulvérise bien cette limaille su une pierre avec du sel commun préparé. Sépare le sel en le dissolvant dans l'eau chaude ; la chaux pulvérisée retombera au fond du liquide ; décante. Sèche la chaux, imbibe-la trois fois d'huile de tartre, en laissant chaque fois la chaux absorber toute l'huile ; mets ensuite la chaux dans une petite fiole ; verse par-dessus l'huile de tartre, de façon que le liquide ait une épaisseur de deux doigts, ferme alors la fiole, mets-la putréfier au ventre du cheval pendant huit jours ; puis prends la fiole, décante l'huile et dessèche la chaux. Ceci fait, mets la chaux dans un poids égal de notre Eau-de-vie ;

ferme la fiole et laisse digérer à un feu très doux jusqu'à ce que toute la chaux soit convertie en Mercure.
Décante alors l'eau avec précaution, recueille le Mercure corporel, mets-le en un vase de verre ; purifie-le
avec de l'eau et du sel commun, dessèche selon les
règles, mets-en un linge fin et exprime-le en gouttelet-
tes. S'il passe tout entier, c'est bien. S'il reste quelque
portion du corps amalgamé, venant de ce que la dissolution n'a pas été complète, mets ce résidu avec une
nouvelle quantité d'eau bénite. Sache que la distillation de l'eau doit se faire au bain-marie ; pour l'air et
le feu, on distillera sur les cendres chaudes. L'eau
doit être tirée de la substance humide et non d'ailleurs ;
l'air et le feu doivent être extraits de la substance sèche
et non d'une autre.

Propriétés de ce Mercure.

Il est moins mobile, il court moins vite que l'autre
mercure; il laisse des traces de son corps fixe au feu ;
une goutte placée sur une lame chauffée au rouge
laisse un résidu.

Multiplication du Mercure philosophique.

Lorsque tu auras ton Mercure philosophique, prends-
en deux parties et une partie de la limaille mentionnée
plus haut; fais un amalgame en broyant le tout ensemble
jusqu'à union parfaite. Mets cet amalgame dans une fiole,
ferme bien l'orifice et place sur les cendres à un feu tempéré. Tout se résoudra en Mercure. Tu pourras ainsi
l'augmenter à l'infini, car la somme de volatil dépassant
toujours la somme de fixe, l'augmente indéfiniment en
lui communiquant sa propre nature et il y en aura toujours assez.

Maintenant tu sais préparer l'eau-de-vie, tu en connais les degrés et les propriétés, tu connais la putréfaction des corps métalliques, leur réduction à la matière
première, la multiplication de la matière à l'infini. Je t'ai
expliqué clairement ce que tous les philosophes ont caché
avec soin.

Pratique du Mercure des sages.

Ce n'est pas le mercure du vulgaire, c'est la matière
première des philosophes. C'est un élément aqueux,

froid, humide, c'est une eau permanente, c'est l'esprit
du corps, vapeur grasse, Eau bénite, Eau forte, Eau des
sages, Vinaigre des philosophes, Eau minérale, Rosée de
la grâce céleste ; il a bien d'autres noms encore, et bien
qu'ils soient différents, ils désignent tous une seule et
même chose qui est le Mercure des philosophes ; il est la
force de l'alchimie ; seul il peut servir à faire la teinture
blanche et la rouge, etc.

Prends donc au nom de Jésus-Christ, notre M....
vénérable, Eau des philosophes, Hylè primitive des sages ;
c'est la pierre qu'on t'a découverte dans ce traité, c'est
la matière première du corps parfait, comme tu l'as deviné. Mets ta matière dans un fourneau, en un vaisseau
propre, clair, transparent, rond, dont tu scelleras hermétiquement l'orifice, de sorte que rien ne puisse s'échapper. Ta matière sera placée sur un lit bien aplani, légèrement chaud ; tu l'y laisseras un mois philosophique ; tu
maintiendras la chaleur égale, tant que la sueur de la matière se sublimera, jusqu'à ce qu'elle ne sue plus, que
rien ne monte, que rien ne descende, qu'elle commence
à pourrir, à suffoquer, à se coaguler et à se fixer, par
suite de la constance du feu.

Il ne s'élèvera plus de substance aérienne fumeuse et
notre Mercure restera au fond, sec, dépouillé de son

humidité, pourri, coagulé, changé en une terre noire, qu'on appelle Tête noire du corbeau, élément sec terreux.

Quand tu auras fait cela, tu auras accompli la véritable sublimation des Philosophes, pendant laquelle tu as parcouru tous les degrés précités : sublimation du Mercure, distillation, coagulation, putréfaction, calcination, fixation, dans un seul vaisseau et un seul fourneau comme il a été dit.

En effet, quand notre pierre est dans son vaisseau, et qu'elle s'élève, on dit alors qu'il y a sublimation ou ascension. Mais quand ensuite elle retombe au fond, on dit qu'il y a distillation ou précipitation. Puis lorsqu'après la sublimation et la distillation, notre Pierre commence à pourrir et à se coaguler, c'est la putréfaction et la coagulation; finalement quand elle se calcine et se fixe par privation de son humidité radicale aqueuse, c'est la calcination et la fixation; tout cela se fait par le seul acte de chauffer, en un seul fourneau, en un seul vaisseau, comme il a été dit.

Cette sublimation constitue une véritable séparation des éléments, d'après les philosophes : « Le travail de notre pierre ne consiste qu'en la séparation et conjonction des éléments; car dans notre sublimation l'élément aqueux froid et humide se change en élément terreux sec et chaud. Il s'ensuit que la séparation des éléments de notre pierre, n'est pas vulgaire, mais philosophique ; notre seule sublimation très parfaite suffit en effet à séparer les éléments; dans notre pierre il n'y a que la forme de deux éléments, l'eau et la terre, qui contiennent virtuellement les deux autres. La Terre renferme virtuellement le Feu, à cause de sa sécheresse ; l'Eau renferme virtuellement l'Air à cause de son humidité. Il est donc bien évident que si notre Pierre n'a en elle que la forme de deux éléments elle les renferme virtuellement tous les quatre.

Aussi un Philosophe a-t-il dit : « Il n'y a pas de séparation des quatre éléments dans notre Pierre comme le pensent les imbéciles. Notre nature renferme un arcane très caché dont on voit la force et la puissance, la terre et l'eau. Elle renferme deux autres éléments, l'air et le feu, mais ils ne sont ni visibles, ni tangibles, on ne peut les représenter, rien ne les décèle, on ignore leur puissance, qui ne se manifeste que dans les deux autres éléments, terre et eau, lorsque le feu change les couleurs pendant la cuisson.

Voici que par la grâce de Dieu, tu as le second composant de la pierre philosophale, qui est la Terre noire,

Tête de corbeau, mère, cœur, racine des autres couleurs. De cette terre comme d'un tronc, tout le reste prend naissance. Cet élément terreux, sec, a reçu dans les livres des philosophes un grand nombre de noms, on l'appelle encore Laton immonde, résidu noir, Airain des philosophes, Nummus, Soufre noir, mâle, époux, etc. Malgré cette infinie variété de noms, ce n'est jamais qu'une seule et même chose, tirée d'une seule matière.

A la suite de cette privation d'humidité, causée par la sublimation philosophique, le volatil est devenu fixe, le mou dur, l'aqueux est devenu terreux, selon Geber. C'est la métamorphose de la nature, le changement de l'eau en feu, selon la Tourbe. C'est encore le changement des constitutions froides et humides en constitutions bilieuses, sèches, selon les médecins. Aristote dit que l'esprit a pris un corps, et Alphidius que le liquide est devenu visqueux. L'occulte est devenu manifeste, dit Rudianus dans le *Livre des trois paroles*. L'on comprend maintenant les philosophes quand ils disent : « Notre Grand-Œuvre n'est autre qu'une permutation des natures, une évolution des éléments. » Il est bien évident que par cette privation d'humidité nous rendons la pierre sèche, le volatile devient fixe, l'esprit devient corporel, le liquide devient solide, le feu se change en eau, l'air en terre. Nous avons ainsi changé les vraies natures suivant un certain ordre, nous avons fait tourner les quatre éléments en cercle, nous avons permuté leurs natures. Que Dieu soit éternellement béni! Amen.

Passons maintenant avec la permission de Dieu à la seconde opération qui est le blanchiment de notre terre pure. Prends donc deux parties de terre fixe ou Tête de corbeau; broye-la subtilement et avec précaution en un mortier excessivement propre, ajoutes-y une partie de l'Eau philosophique que tu sais (c'est l'eau que tu as mise de côté). Applique-toi à les unir, en imbibant peu à peu d'eau la terre sèche, jusqu'à ce qu'elle ait étanché sa soif; broye et mélange si bien, que l'union du corps, de l'âme et de l'eau soit parfaite et intime. Ceci fait, tu mettras le tout dans un matras scellé hermétiquement pour que rien ne s'échappe, et tu le placeras sur son petit lit uni, tiède, toujours chaud pour qu'en suant il débarrasse ses entrailles du liquide qu'il a bu. Tu l'y laisseras huit jours, jusqu'à ce que la terre blanchisse en partie. Tu prendras alors la Pierre, tu la pulvériseras, tu l'imbiberas de nouveau de Lait virginal, en remuant, jusqu'à ce qu'elle ait étanché sa soif; tu la remettras dans la fiole sur son petit lit tiède pour qu'elle se dessèche en suant, comme ci-dessus. Tu recommenceras qua-

9

tre fois cette opération en suivant le même ordre : imbition de la terre par l'eau jusqu'à union parfaite, dessication, calcination. Tu auras ainsi suffisamment cuit la terre de notre pierre très précieuse. En suivant cet ordre : cuisson, pulvérisation, imbibition par l'eau, dessication, calcination, tu as suffisamment purifié la Tête de corbeau, la terre noire et fétide, tu l'as conduite à la blancheur par la puissance du feu, de la chaleur et de l'Eau blanchissante. Recueille ta terre blanche et mets-la soigneusement de côté, car c'est un bien précieux, c'est la Terre foliée blanche, Soufre blanc, Magnésie blanche, etc. Morien parle d'elle lorsqu'il dit... « Mettez pourrir cette terre avec son eau, pour qu'elle se purifie et avec l'aide de Dieu vous terminerez le Magistère. » Hermès dit de même que l'Azoth lave le Laton et lui enlève toutes ses impuretés.

Dans cette dernière opération nous avons reproduit la véritable conjonction des éléments, car l'eau s'est unie à la terre, l'air au feu. C'est l'union de l'homme et de la femme, du mâle et de la femelle, de l'or et l'argent du Soufre sec et de l'Eau céleste impure. Il y a eu aussi résurrection des corps morts. C'est pourquoi le philosophe a dit : « Que ceux qui ne savent pas tuer et ressusciter abandonnent l'art » et ailleurs : « Ceux qui savent tuer et ressusciter profiteront dans notre science. Celui-là sera le Prince de l'Art qui saura faire ces deux choses. » Un autre philosophe a dit : « Notre Terre sèche ne portera aucun fruit, si elle n'est profondément imbibée de son Eau de pluie. Notre Terre sèche a une grande soif, lorsqu'elle a commencé à boire, elle boit jusqu'à la lie. » Un autre a dit : « Notre Terre boit l'eau fécondante qu'elle attendait, elle étanche sa soif, puis elle produit des centaines de fruits. » On trouve bien d'autres passages semblables dans les livres des philosophes, mais ils sont sous forme de parabole, pour que les méchants ne puissent les entendre. Par la grâce de Dieu, tu possèdes maintenant notre Terre blanche foliée toute prête à subir la fermentation, qui lui donnera le souffle. Aussi le Philosophe a dit : « Blanchissez la terre noire avant de lui adjoindre le ferment. » Un autre a dit : « Semez votre or dans la Terre foliée blanche.... et elle vous donnera du fruit au centuple. Gloire à Dieu. Amen.

Passons à la troisième opération qui est la fermentation de la Terre blanche. Il nous faut animer le corps mort et le ressusciter, pour multiplier sa puissance à l'infini, et le faire passer à l'état d'Elixir parfait blanc qui change le Mercure en Lune parfaite et véritable. Remarque que le ferment ne peut pénétrer le corps mort que par l'intermédiaire de l'eau qui fait le mariage et sert de lien entre la terre blanche et le ferment. C'est pourquoi dans toute fermentation, il faut noter le poids de chaque chose. Si donc tu veux mettre fermenter la Terre foliée blanche pour la changer en élixir blanc renfermant un excès de teinture, il te faut prendre trois parties de Terre blanche ou Corps mort folié, deux parties de l'Eau-de-vie que tu as mise en réserve et une partie et demie de ferment. Prépare le ferment de telle sorte qu'il soit réduit en une chaux blanche ténue et fixe si tu veux faire l'élixir blanc. Si tu veux faire l'élixir rouge, sers-toi de chaux d'or très jaune, préparée selon l'art. Il n'y a pas d'autres ferments que ceux-là. Le ferment de l'argent est l'argent, le ferment de l'or est l'or, ne cherche donc pas ailleurs. La raison en est que ces deux corps sont lumineux, ils renferment des rayons éclatants qui communiquent aux autres corps la vraie rougeur et blancheur. Ils sont d'une nature semblable à celle du Soufre le plus pur de la matière, de l'espèce des pierres. Extrais donc chaque espèce de son espèce, chaque genre de son genre. L'œuvre au blanc a pour but de blanchir, l'œuvre au rouge de rougir. Ne mêle pas surtout les deux Œuvres, sinon tu ne feras rien de bon.

Tous les Philosophes disent que notre Pierre se compose de trois choses : le corps, l'esprit et l'âme. Or, la terre blanche foliée c'est le corps, le ferment c'est l'âme qui lui donne la vie, l'eau intermédiaire c'est l'esprit. Réunis ces trois choses en une par le mariage, en les broyant bien sur une pierre propre, de façon à les unir dans leurs plus infinies particules, à en former un chaos confus. Quand tu auras fait un seul corps du tout, tu le mettras doucement dans une fiole spéciale, que tu placeras sur son lit chaud, pour que le mélange se coagule, se fixe et devienne blanc. Tu prendras cette pierre blanche bénite, tu la broieras subtilement sur une pierre bien propre, tu l'imbiberas avec un tiers de son poids d'eau pour abaisser sa soif. Tu la remettras ensuite dans la fiole claire et propre sur son lit tiède et chaud pour qu'elle commence à suer, à rendre son eau et finalement tu laisseras ses entrailles se dessécher. Recommence plusieurs fois jusqu'à ce que tu aies préparé par ce procédé notre très excellente Pierre blanche, fixe, qui pénètre les plus petites parties des corps très rapidement, coulant comme l'eau fixe quand on la met sur le feu, changeant les corps imparfaits en argent véritable, comparable en tout à l'argent naturel. Remarque que si tu recommences plusieurs fois toutes ces opérations dans

le même ordre : dissoudre, coaguler, broyer, cuire, ta
Médecine sera d'autant meilleure, son excellence augmentera de plus en plus. Plus tu travailleras ta Pierre
pour en augmenter la vertu, et plus tu auras de rende-
ment lorsque tu feras la projection sur les corps imparfaits. En sorte qu'après une opération une partie de l'E-
lixir change cent parties de n'importe quel corps en
Lune, après deux opérations mille, après trois dix mille,
après quatre cent mille, après cinq un million, après
six opérations des milliers de mille et ainsi de suite à l'infini. Aussi les adeptes louent-ils tous la grande maxime
des philosophes sur la persévérance à recommencer cette
opération. Si une imbibition avait suffi, ils n'auraient
pas tant discouru sur ce sujet. Grâces soient rendues
à Dieu. Amen.

Si tu désires changer cette Pierre glorieuse, ce Roi
blanc qui transmue et teint le Mercure et tous les corps
imparfaits en vraie Lune, si tu désires, dis-je, la changer
en Pierre rouge qui transmue et teigne le Mercure, la
Lune et les autres métaux en vrai Soleil, opère ainsi.
Prends la Pierre blanche et divise-la en deux parties ;
tu augmenteras l'une à l'état d'élixir blanc avec son Eau
blanche, comme il a été dit plus haut, en sorte que tu
en auras indéfiniment. Tu mettras l'autre dans le nouveau

lit des philosophes, net, propre, transparent, sphérique, et tu placeras le tout dans le fourneau de digestion. Tu augmenteras le feu jusqu'à ce que par sa force et sa puissance la matière soit changée en une pierre très rouge, que les Philosophes appellent Sang, or pourpre, Corail rouge, Soufre rouge. Lorsque tu verras cette couleur telle que le rouge soit aussi brillant que du crocus sec calciné, alors prends joyeusement le Roi, mets-le précieusement de côté. Si tu veux le changer en teinture du très puissant Elixir rouge, transmuant et teignant le Mercure, la Lune et tout autre métal imparfait en Soleil très véritable, mets-en fermenter trois parties avec une partie et demie d'or très pur à l'état de chaux tenue et bien jaune, et deux parties d'Eau solidifiée. Fais-en un mélange parfait selon les règles de l'Art, jusqu'à ne plus rien distinguer des composants. Remets dans la fiole sur un feu qui mûrisse, pour lui donner la perfection. Dès qu'apparaîtra la vraie Pierre sanguine rouge, tu ajouteras graduellement de l'Eau solide.

Tu augmenteras peu à peu le feu de digestion. Tu accroîtras sa perfection en recommençant l'opération. Il faut chaque fois ajouter de l'Eau solide (que tu as gardée), qui convient à sa nature; elle multiplie sa puissance à l'infini, sans rien changer à son essence. Une partie d'Elixir parfait au premier degré projetée sur cent parties de Mercure (lavé avec du vinaigre et du sel, comme tu dois le savoir) placée dans un creuset à petit feu, jusqu'à ce que des fumées apparaissent, les transmue aussitôt en véritable Soleil meilleur que le naturel. De même en remplaçant le Mercure par la Lune.

Pour chaque degré de perfection en plus de l'Elixir, c'est la même chose que pour l'Elixir blanc, jusqu'à ce qu'il teigne enfin en Soleil des quantités infinies de Mercure et de Lune. Tu possèdes maintenant un précieux arcane, un trésor infini. C'est pourquoi les philosophes disent : « Notre Pierre a trois couleurs, elle est noire au commencement, blanche au milieu, rouge à la fin. » Un philosophe a dit : « La chaleur agissant d'abord sur l'humide engendre la noirceur, son action sur le sec engendre la blancheur et sur la blancheur engendre la rougeur. Car la blancheur n'est autre chose que la privation complète de noirceur. Le blanc fortement condensé par la force du feu engendre le rouge. » — « Vous tous chercheurs qui travaillez l'Art, a dit un autre sage, lorsque vous verrez apparaître le blanc dans le vaisseau, sachez que le rouge est caché dans ce blanc. Il vous faut l'en extraire et pour cela chauffer fortement jusqu'à l'apparition du rouge. »

Maintenant rendons grâce à Dieu sublime et glorieux Souverain de la Nature, qui a créé cette substance et lui a donné une propriété qui ne se retrouve dans aucun autre corps. C'est elle qui, mise sur le feu, engage le combat avec celui-ci et lui résiste vaillamment. Tous les autres corps s'enfuient ou sont exterminés par le feu. Recueillez mes paroles, notez combien elles renferment de mystères, car dans ce court traité, j'ai rassemblé et expliqué ce qu'il y a de plus secret dans l'Alchimie; tout y est dit simplement et clairement, je n'ai rien omis, tout s'y trouve brièvement indiqué, et je prends Dieu à témoin que dans les livres des Philosophes, on ne peut rien trouver de meilleur que ce que je vous ai dit. Aussi je t'en prie, ne confie ce traité à personne, ne le laisse pas tomber entre des mains impies, car il renferme les secrets des philosophes de tous les siècles. Une telle quantité de perles précieuses ne doit pas être jetée aux pourceaux et aux indignes. Si cependant cela arrivait, je prie alors Dieu tout puissant que tu ne parviennes jamais à terminer cet Œuvre divin.

Béni soit Dieu, un en trois personnes.

AMEN.

GLOSSAIRE

Aigle volante. — Mercure des philosophes.

Alphidius. — Philosophe grec ; le manuscrit 6514 de la bibliothèque nationale : *Liber meteorum*, est d'Alphidius. Malgré son titre, c'est un traité d'alchimie.

Aludel. — Appareil sublimatoire, composé d'un vase de terre vernissé, surmonté d'un chapiteau en verre destiné à recevoir le sublimé.

Ame. — C'est la partie volatile de la pierre ; plus spécialement ce mot désigne le ferment.

Aristote. — Disciple d'Avicenne, il ne doit pas être confondu avec le philosophe grec, précepteur d'Alexandre. Ouvrages : *De perfecto magisterio.* — *De practica Lapidis.*

Art spagyrique. — Synonyme d'Alchimie.

Astanus. — Peut-être est-ce le même qu'Ostanès. Il existe plusieurs manuscrits de ce dernier dans les bibliothèques.

Astre. — C'est le principe essentiel des métaux capable de changer les corps en sa propre nature (Paracelse).

Avicenne. — Al Hussein Ebn Sina, né à Bokhara, disciple d'Alpharabi, alchimiste arabe, vivait au XIᵉ siècle.

Ouvrages : *Canon medicinæ ; Tractatulus alchemiæ; De conglutinatione lapidum.*

Azoth. — Mercure des Philosophes. Basile Valentin a fait un traité de l'Azoth.

Barsen ou *Basen.* — Alchimiste cité dans la Tourbe.

Chaux rouge. — Matière de la pierre au rouge.

Cohober. — Remettre dans la cornue le liquide qui a distillé.

Corps. — Partie fixe de la pierre.

Crocus. — Matière de la pierre au rouge. Signifie aussi oxyde.

Degrés. — Le premier degré du feu correspond à 50 degrés centigrades, le second à l'ébullition de l'eau, le troisième à la fusion de l'étain, le quatrième à l'ébullition du mercure.

Eau, eau bénite, métallique, eau des nuées, eau-de-vie. — Mercure des philosophes.

Entéléchie : forme essentielle et parfaite d'une chose.

Feu de cendres. — Bain de sable.

Geber. — Djafar al Soli, philosophe hermétique arabe, vivait au IXe siècle. C'est le plus célèbre des alchimistes arabes. Ouvrages : *Somme de perfection. — Testament.*

Gros. — Ancienne mesure de poids: 3 gr., 90. Un gros vaut 72 grains.

Hermès. — Thaut égyptien, le père de la chimie. Ouvrages : *Table d'Emeraude.* — *Les sept chapitres.*

Hylè. -- Matière de la pierre, Mercure des philosophes.

Laton ou laiton. — Mercure des philosophes avant la putréfaction, c'est-à-dire avant la noirceur.

Lion.— Lion vert, vitriol vert. Lion rouge, gaz hypôazotide.

Lot. — Mesure de poids allemande, équivaut à une demi-once.

Lune. — Argent, ou mercure ordinaire, ou encore matière au blanc.

Magistère. — Synonyme de pierre philosophale et de Grand-Œuvre.

Mercure des philosophes. — Matière première de la pierre.

Métaux. — Les alchimistes n'en reconnaissent que sept, auxquels ils attribuent les noms des planètes. L'or ou soleil, l'argent ou lune, le mercure, le plomb ou Saturne, l'étain ou Jupiter, le cuivre ou Vénus, le fer ou Mars.

Médecine. — Synonyme d'élixir.

Microcosme. — Ou petit monde, c'est l'homme, par opposition au macrocosme, qui est l'univers. Les philosophes entendent encore par microcosme leur magistère.

Morien. — Disciple d'Adfar, philosophe hermétique romain. Ouvrages : *De la transmutation des métaux.* — *Dialogue du roi Calid et du philosophe Morien.*

Once. Ancienne mesure de poids équivaut à 31 gr. 25.

Oiseau d'Hermès. — Mercure des philosophes.

Pélican. — Vase circulatoire : il se compose d'une panse surmontée d'un chapiteau, duquel partent deux tubes qui rentrent latéralement dans la panse, de sorte que le liquide qui distille retombe constamment dans la panse.

Phénix. — Oiseau fabuleux au plumage rouge ; emblème de la pierre au rouge.

Physicien. — Médecin. Ce mot s'emploie encore en Angleterre dans ce sens (physician).

Poulet d'Hermogène. — Matière de la pierre au blanc.

Rhasès. — Philosophe hermétique persan, vivait au xᵉ siècle. Ses ouvrages existent manuscrits en traduction latine à la bibliothèque nationale : *Lumen luminum.* — *Liber perfecti magisterii.* — *De aluminibus et salibus.*

Soufre. — Second principe des métaux. Signifie aussi la matière de la pierre. Soufre vif ou soufre rouge, matière de la pierre au rouge.

Sublimation. — Dans le sens philosophique, signifie purification.

Tête de Corbeau. — C'est la matière pendant la putréfaction.

Thélême. — Perfection.

Tourbe des philosophes. — *Turba philosophorum*, le plus connu et le plus commun des anciens traités d'Alchimie. Attribuée au philosophe Aristée.

Ventre du cheval. — Fumier chaud de cheval, fournit une température constante.

Vinaigre, blanc, très aigre, des philosophes. — Mercure des philosophes.

Vitriol. — Le vitriol vert ou le vitriol romain c'est tout un, signifie couperose verte. Vitriol bleu ou de Hongrie : couperose bleue.

Nota. — Rudianus, Franciscus, et Mechardus sont complétement inconnus. Ce sont probablement des alchimistes grecs dont les œuvres sont perdues.

TABLE DES MATIÈRES

Achevé d'imprimer, le 15 juin, à Paris

Chez HENRI JOUVE, 15, rue Racine

MDCCCXC

BIBLIOTHEQUE   NATIONALE

SERVICE DES NOUVEAUX SUPPORTS

58, rue de Richelieu, 75084 PARIS CEDEX 02 Téléphone 266 62 62

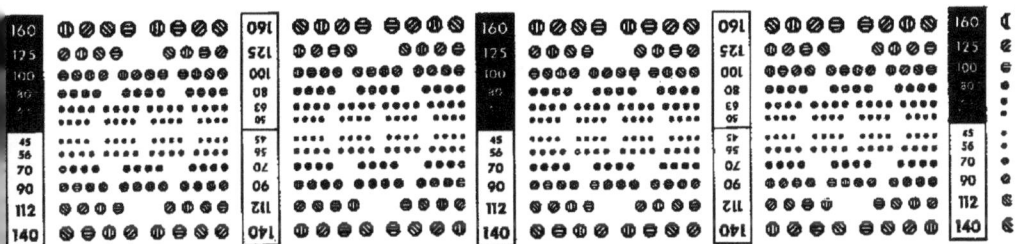

Achevé de micrographier le :   4/2/1976

Défauts constatés sur le document original

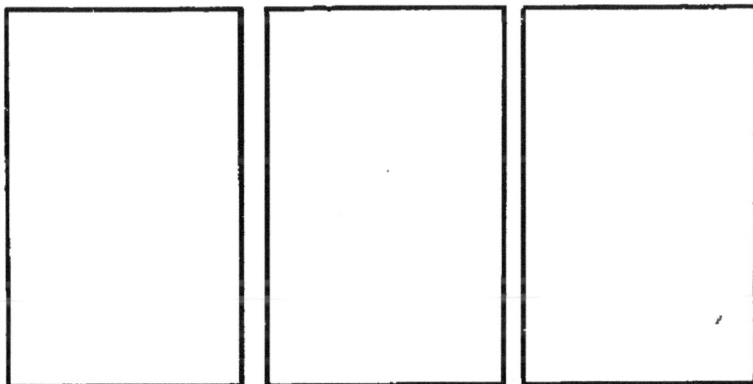

www.ingramcontent.com/pod-product-compliance
Lightning Source LLC
Chambersburg PA
CBHW062006200326
41519CB00017B/4698